中国科普作家协会原理事长、
中国科学院院士刘嘉麒作序推荐

徜徉科学世界，汲取自然灵气，浓缩历史精华。
让阅读，与众不同。

The Story of Nature

自然的故事

杨天林 / 著

潘云唐 / 审订

科学出版社

北　京

内 容 简 介

自然本身就是一个充满魅力的存在，有太多的未知和奥秘。本书以时间序列为坐标轴向，以生命演化为主要线索，以散文化的表达为主要风格，对自然和生命历史及其荣衰进行精细解读，讲述了由生命现象、自然演化和文明进化引出的种种思考，包括对微观领域、对宏观领域及对科学和人类自身行为的深思和反省，有对既成社会意识的批判，也有对自然和生命的敬畏，字里行间充满着强烈的科学精神和人文关怀。

图书在版编目（CIP）数据

自然的故事 / 杨天林著 . —北京：科学出版社，2018.4
（科学的故事丛书）
ISBN 978-7-03-053744-7

Ⅰ . ①自… Ⅱ . ①杨… Ⅲ . ①自然科学 – 普及读物 Ⅳ . ① N49

中国版本图书馆 CIP 数据核字（2017）第 138749 号

丛书策划：侯俊琳
责任编辑：侯俊琳 田慧莹 程 凤 / 责任校对：何艳萍
责任印制：师艳茹 / 插图绘制：郭 警
封面设计：有道文化

科学出版社 出版
北京东黄城根北街 7 号
邮政编码：100717
http://www.sciencep.com
新科印刷有限公司 印刷
科学出版社发行 各地新华书店经销
*
2018 年 4 月第 一 版 开本：720×1000 1/16
2021 年 1 月第三次印刷 印张：15
字数：216 000
定价：48.00 元
（如有印装质量问题，我社负责调换）

总　序
科学中有故事　故事中有科学

　　人类来源于自然，其生存和发展史就是一部了解自然、适应自然、依赖自然、与自然和谐共处的历史。自然无限广阔、无限悠长，充满着无数奥秘，令人类不断地探索和认知。从平日的生活常识，到升天入地探索宇宙的神功，无时无地不涉猎科学知识，无事无物不与科学密切相关。人类生活在一个广袤的科学世界里，时时刻刻都要接受科学的洗礼和熏陶。对科学了解的越多，人类才能越发达、越进步。

　　由杨天林教授撰著的"科学的故事丛书"，紧密结合数学、物理、化学、天文、地理、生物等有关知识，以充满情趣的语言，向广大读者讲述了一系列富有知识性和趣味性的故事。故事中有科学，科学中有故事。丛书跨越了不同文化领域和不同历史时空，在自然、科学与文学之间架起了一座桥梁，为读者展现了一个五彩缤纷的世界，能有效地与读者进行心灵的沟通，对于科学爱好者欣赏文学、文学爱好者感悟科学都有很大的感染力，是奉献给读者的精神大餐。

　　科学既奥妙，又充满着韵味和情趣。作者尝试着通过一种结构清晰、易于理解的方式，将科学的严谨和读者易于感知的心灵联系起来。书中的系列故事和描述引领读者走向科学的源头，在源头和溪流深处追忆陈年往事，把握科学发展的线索，感知科学家鲜为人知的故事和逸闻趣事。这套书让读者在阅读中尽情体会历史上伟大科学家探索自然奥秘的幸福和艰辛，可以唤起广大读者，特别是青少年朋友对科学的兴趣，并在他们心中播下热爱科学的种子。

科学出版社组织写作和出版这套丛书，对普及科学知识，提高民众的科学素质无疑会发挥积极作用。我期待这套丛书早日与读者见面。

中国科普作家协会原理事长
中国科学院院士

2018 年 1 月

前　言

科学的源头在哪里？科学是如何发展起来的？在人类社会的发展和变革中，科学曾经产生了怎样的影响？我们对宇观世界的认识、对宏观世界的认识、对微观世界的认识是如何得来的？

翻开"科学的故事丛书"，你一定能找到属于自己的答案。

作者在容量有限的篇幅中，将有关基础知识、理论和概念融合成一体，在一些领域也涉及前沿学科的基本思想。阅读"科学的故事丛书"，有助于读者从中了解自然演变和科学发展的真实过程，了解散落在历史尘埃里的科学人生及众多科学家的人文情怀，了解科学发展的线索，了解宇宙由来及生命演化的奥秘。借此体验科学本身的魅力，以及它曾结合在文化溪流中、又散发出来的浓烈异香。

本套丛书中，有古今中外著名科学家的趣闻轶事，有科学的发展轨迹，有自然演化和生命进化的朦胧痕迹，有发现和创造的艰难历程，也有沐浴阳光的成功喜悦。丛书拟为读者开辟一条新路径，旨在换个角度看科学。我们将置身于科学精神的溪流中，潺潺而过的是饱含科学韵味的清新语言，仿佛是深巷里的陈年老酒，令人着迷甚至痴醉。希望读者能够通过阅读启发心智、培养情趣、走进神圣自然、感知科学经典。

英国著名历史学家汤因比（Arnold Joseph Toynbee）曾说："一

个学者的毕生事业，就是要把他那桶水添加到其他学者无数桶水汇成的日益增长的知识的河流中。"本套丛书就是一条集合前人学者科学智慧的小溪，正迫不及待地汇入知识河流中，希望能够为不同学科、不同领域间的沟通和交流起到媒介、引导作用，也期望更多对自然科学感兴趣的爱好者能够在阅读中体验到一份来自专业之外的惊喜和享受。

目　录

第一章

理解自然，尊重生命

自然的万千气象诱导着我们走出书斋，来到高山峡谷或大漠草原，谛听风中传来的鸟鸣，观赏花儿的多姿和绿色的浓郁，从那些活跃在时光深处的三维构图中，寻找久违的对生命的热爱和对自然的亲近。

当你在宇宙的深远背景中展开自己的想象时，那其实就是在自由的思维漫步中寻找真正的自己。

　　自然的演化不过是时间序列的一种表达形式而已。在我们的印象中，自然世界最感人的地方，是它那庄严肃穆的外在形象，是它那内在涌动的生命激情，是它那看似平庸、实则博大精深的内容。在一个时时浮出、又随时都有可能从我们视野里消逝的三维画面中，我们需要它那种纯粹精神的感召。

　　自然最重要的存在形式之一就是生命。生命是一个过程，演化是必然结果。我们审视自然，包括自然链环上的每一个细节，进而去理解它的复杂与和谐。

一、从理解到尊重

　　自然的演化不会按照某种教条的方式或机械的程序进行，演化是一切创造的开始。生命的过程也是一样，那是一种充满了魅力的存在。当我们思考自己缘何而来时，我们就会发现，任何一个生命的出现都是无限多偶然性因素随机排列的结果。在概率上，那是无限小的，但又是不断涌现的。所以，我们要珍惜这种缘分。

　　我们存在的意义就在于，我们每个个体都是绝版的、独一无二的。这就是我对生命现象的理解。正如美国作家比尔·布莱森（Bill Bryson，1951—）所说："过去从未有过，存在仅此一回。"所以，不要轻视每一个生命，包括我们自己。

　　我们生活的世界不仅在运动中充满了活力，也在运动中渗透着可

聆听生命的箴言

以把握的秩序。当我们以自然的存在为最高准则和核心价值时，当我们从自己的思想中萃取出一种和谐的要素时，就意味着科学正在走进我们生活的空间。

在已经过去的时间里，我们也许曾迷恋过那些熟悉的、与所谓的主流思想一致的观念，那些"传统的"或"约定俗成的"东西对我们的影响之深，或许已经超过了我们曾经为自己设定的边界。

在我们的人生经历中，我们曾经接受并认为是事实或真理的东西，都已经不知不觉地整合到了我们的思维结构中。我们对一切东西的排斥或接受都不可避免地显示了我们的偏见或独特的眼光，很难说这是一个缺点。一个不可否认的事实是，在生命演化的链条上，人已经处于核心和尊贵的位置，上帝的存在也仅在我们的想象中。

认识和理解自然是我们面对的一个重要问题。不管时空如何变化，我们对世界的理解都是宏观的。在我们心目中，世界如它表面所呈现的那样，既丰富多彩又悬念迭起。在我们的感官所能感知到的表象背后，实际上蕴藏着一个很难把握的实体。自然本身就是一个充满魅力的存在，也充满更多的奥秘和未知，我们的感觉也会随之而变。我们只有不断克服一些知识的缺陷和目光的短浅，才能对自然有更好的理解，进而尊重我们身边的所有生命。

二、顺从自然法则

自然是一个宏大的概念，也是一种崇高的存在。信仰的一个境界是真与善，但自然的进化让我们对此深感困惑，化石中所发现的灭绝动物的遗骸令我们无法找到这种真与善。实际上，自然界本身就是一个真实客观的竞技场，小鸟为了生存下去必须吃掉植物的种子，而它们是有生命的。其他生命的存在为人类提供了丰富的生活资料和来源。

不管我们是否想得通，有一个结论总是毋庸置疑的：不要说生物界的其他物种，就连我们自身也是自然选择的结果。这并不意味着我们就可以为所欲为，我们毕竟站在了生命之树的顶端，进化已经造就了我们，把我们从原始混沌的生命状态中解放了出来。

人类是理性生命，在所有生命活动的自然背景中，人类所处的地位十分独特。人类曾经是自然的巨大破坏者，如今已意识到保护自然的重要性和迫切性。也许，在不远的将来，人类整天萦于思、系于心的大概就是如何恢复自然的原貌了。

我们一定要牢记，每种动物或植物在各自的生存环境下都是无与伦比的智者，我们必须改变对待其他生命的态度和方式，我们必须学会善待它们，学会与它们和平共处，我们必须顺从自然的法则。

第二章

宇宙图景

宇宙其实十分遥远，也因遥远而让我们感到陌生，但我们的思维却可以在多维时空中穿梭。某一天早晨，我们可能会尽情阅览展现在无限时空中的美丽景观。我们的视野所及，是一个无比灿烂的世界，它丰富了我们的感觉、知觉、经验和思想。

在这一章，笔者将通过古老方块字的魔幻组合把自然的最美风景带到你眼前，包括隐藏最深的人类心智，一直到渺无踪影的宇宙边缘。

一、人类的家园

地球基本上是一个两极略扁的椭球体，它的赤道半径约 6378 千米，南北两极的半径差不多比这短 21 千米。地球在赤道各点以 1675 千米／时的速率自转，同时它又以 1787 千米／分的速率绕太阳（Sun）公转，而太阳又以 240 千米／秒的速率带着地球和其他太阳系成员在银河系疾驰，银河系（Milky Way Galaxy）的庞大家族则像梦游诗人一般行吟在无边的宇宙中。

地球的质量是 5.98×10^{24} 克，约 60 万亿亿吨。地球的平均密度为 5.52 克／厘米 ^{3}，地球的体积大约是 10 832 亿立方千米。这样一个宇宙中不起眼的行星在古代人类的感觉中已经是十分庞大的了，以至于他们根本就无法体会这么一个庞然大物怎么会是圆的。

一般来说，古代人比较倾向于接受一个封闭的、有限的宇宙图景，这更符合他们的美学愿望和心理需求。因此，在古代人的心目中，天圆地方、人在中央也就名正言顺了。

地球当然不是孤独的，在它附近，运动着另外一些天体，那就是太阳系内的各成员，地球只是太阳系家族中的一员。在这个运动中创造出生命奇迹的小天体系统内，太阳是核心，主要的八大行星是伴星，它们围绕着太阳运动。

这些运动的行星（Planet）按轨道半径从小到大分别是：水星（Mercury）、金星（Venus）、地球（Earth）、火星（Mars）、木星（Jupiter）、土星（Saturn）、天王星（Uranus）和海王星（Neptune）。除水星和金星外，其他行星都有卫星（satellite）。月亮（Moon）是地球的卫星，木星和土星则有很多个卫星。此外，在火星和木星的轨道之间还有许多小行星。

太阳系中，几乎所有的行星都在大致同一个平面上绕太阳公转，地球的公转周期大约是 365 天，也就是人类的一年。水星是 88 天，金星是 225 天，火星是 687 天。木星绕太阳公转一周大约需要 4380 天，这也意味着木星上的一年相当于地球上的 12 年。土星的公转周期约是10 760 天，土星上的一年大约相当于地球的 29 年。天王星绕太阳运行的轨道几乎近于圆形，公转一周需要 84 年，也就是天王星的一年。海王星围绕太阳旋转一周需要 165 年，在这个星球上，即使是长寿的人，恐怕也活不到它的一年。另外，矮行星冥王星（Pluto）绕太阳公转一周大约需要 248 年，那更是一个远离人类、远离生命的漫游者了，从 1930年它被发现到现在也只走了不到 1/3 圈。况且它行踪不定，人类对它的了解还十分有限。

除了行星、小行星和各行星的卫星之外，太阳系中还有大量的彗星（Comet）和流星体。太阳系如果以九大行星（包括矮行星冥王星在内，现在实际上是八大行星）为主体，则半径不到地球与太阳间距离（一个天文单位）的 50 倍，如果把非常遥远的彗星云也算作太阳系的领域，则太阳系的半径可以达到十几万个天文单位。

如果把以冥王星为界的太阳系缩小到百亿分之一，打个比方，我们将会看到一个半径为 590 米的跑道，沿着这个跑道跑一圈为 3700米。在这个跑道内，其中心是一个柚子（太阳），柚子的周围是 4 个大头针头、2 个葡萄粒、2 个豌豆粒，最后是一颗细小的沙粒。由此可见，太阳系有多么空旷。

在整个宇宙，星体的数量及大小与宇宙空间的广阔程度相比，同样十分渺小。一个大头针头般的地球在如此深邃的宇宙空间里顶多也只能算是沧海一粟。

二、茫 茫 银 河

1785 年夏天的一个夜晚，英国天文学家弗里德里希·威廉·赫歇尔

（Friedrich Wilhelm Herschel，1738—1822）把望远镜对准天空，有顺序地观测了只要是能看得见的星星。之后他提出了一个石破天惊的学说："夜空由无数星星构成的银河系，是一个薄凸透镜形状，厚度约为其直径的五分之一。地球处于这个镜片之中，所以顺着凸透镜水平方向看，星星就比其他地方多。这许多星星就是团团地环绕于天空的银河。"

赫歇尔的见解确实是很卓越的。在 200 多年以前，他就能够而且几乎是准确地指出了银河系的面貌。

这个"凸透镜"的直径是 10 万光年，中心部分的厚度约为 1.5 万光年。从地球上望去，银河系的中心在猎户座附近。太阳系所处的位置，离银河系中心约 2.7 万光年。这么说来，地球和太阳处在离中心约五分之三的地方。银河系的质量约为太阳的 1000 亿倍。

在银河系中，比太阳大的恒星固然不少，但比太阳小的恒星更多，这些恒星的平均质量约为太阳的一半。在"凸透镜"中，光是恒星就有 2000 亿个，此外还有许多行星和卫星，其数目之多令人难以想象。

1951 年，美国天文学家摩根（William W. Morgan，1906—1994）发现了银河系中的两支旋臂，其中的一支，包括太阳和猎户座大星云；另外一支则轻而易举地把英仙座星系包裹在里面了。稍后不久，人们利用旋涡发出的电波作为线索，又发现了许多旋臂。在这些巨大的旋涡里面，群聚着数目众多且闪烁着蓝色光芒的明亮星星，其间又弥漫着无边无际的气体尘埃云，而且每时每刻都有可能从其中形成新的恒星。

三、遥遥可见的岛宇宙

银河系还只是宇宙的一小部分，在银河系外还有许多像银河系这样或规模更大的星系。

　　在银河系外面，个别天体就像大海里的岛屿一样遥遥可见，有人把它们叫作岛宇宙。如果从地球上看，这些岛宇宙大多数都像朦胧的云层一样，形成微弱发光的集团。我们把这些散发着微弱光芒的集团叫作河外星云或河外星系。我们很难准确预言星云的数目。一般认为，假如以半径为20亿光年形成一个圆球，在这个圆球中就有约30亿个岛宇宙，其数目之多是十分惊人的。

　　1755年，德国天文学家和哲学家康德（Immanuel Kant，1724—1804）发表了他一生中最重要的著作《自然通史和天体论》。在这本书中，他提出了三个著名的假说：①太阳系起源的星云假说；②银河是一个扁球状的星团，宇宙中同时还存在着类似银河的星团天体；③海洋潮汐摩擦会减慢地球自转的速度。康德认为，太阳系所在的庞大的恒星集团银河系不是孤立在宇宙中的，它是茫茫无际的宇宙海洋中的岛宇宙之一。

　　这些岛宇宙，其中任何一个，都是由几百亿个或几千亿个恒星所构成的恒星大集团。而银河系只不过是它们中的一个而已。这谁也说不清的无数个岛宇宙的集聚，就构成了大宇宙。在这个大宇宙内，肯定会有更多的行星和卫星，在这些行星和卫星上，也许会有繁茂的生物甚至会有高级的智慧生命存在。

　　天文学家推测，我们宇宙的空间尺度大约为200亿光年。自然有人会问，在200亿光年之外是什么？目前我们尚不可知，但这个问题从侧面折射出人类认识世界能力的有限性——我们不可能找到所有问题的答案。

　　1781年，康德在《纯粹理性批判》这本书中深入考察了宇宙在时间上是否有开端及在空间上是否有极限的问题。他称这些问题为"纯粹理性的二律背反"。

　　在康德看来，存在着同样令人信服的论据，来证明宇宙开端的正命题及宇宙已经存在无限久远的反命题。他对正命题的论证是，如果宇宙没有一个开端，则任何事件之前必有无限的时间。他认为这是荒谬的。他对反命题的论证是，如果宇宙有一个开端，则在它之前必有无限的时间，宇宙为什么必须在某一个特定时刻开始呢？这显然是他无法想通的。

事实上，康德对正命题和反命题都使用了同样的论证。所有这些纯粹是基于他所做的隐含的假设，即不管宇宙存在了多久，时间均可以无限地上溯回去。在解析这类问题时，今天的一个普遍流行的观点是，在宇宙开端之前，时间概念是没有意义的。

四、正在膨胀的宇宙

1929 年，美国天文学家埃德温·哈勃（Edwin Hubble，1889—1953）完成了一个具有里程碑意义的观测，即不管你往哪个方向看，远处的星系都正急速地远离我们而去。它的间接表现形式就是被射电望远镜捕获到的遥远星系传来的光谱线的普遍红移现象，这就是今天我们所熟知的多普勒效应。哈勃指出，一个星系的退行速度与其跟我们之间的距离成正比。

如果真是这样，那么，离我们 110 亿光年的那些星系，就应该以光速退行了。但是，由此也产生了一个不可回避的问题：按照爱因斯坦的理论，没有哪一种物体的运动速度能够超过光速，那么，在更远的地方纯粹就没有任何星系（这几乎是不可能的），或者存在着我们不可能看得见的星系（爱因斯坦错了），笔者认为后者是极有可能的。

红移现象无疑在暗示我们：宇宙正在膨胀。既然宇宙正在膨胀，那么，时间上溯得越早，星体相互之间就离得越近。因此，可以说总能找到一个时间的源头，在那一时刻，它们是紧靠在一起的。

事实上，似乎在大约 100 亿～ 200 亿年之前的某一时刻，它们刚好在同一地方，在数学上，我们可以得出那时候的宇宙体积是无穷小、质量是无穷大、密度也是无穷大。

这么一个近于奇点的宇宙蛋是我们普通人的常识、感觉和观念根本不可能理解和容忍的。但这确实是基于现代实验技术的观测和分析、基于合乎理性、合乎逻辑的推理的结果。

哈勃的发现给我们以暗示，即在宇宙历史上曾经有过一个叫作大爆炸的时刻，正是这个历史性的大爆炸，诞生出了我们今天所能够感知的这个宇宙。

我们生活在一个宽约为 10 万光年、厚约为 1.5 万光年，每时每刻都在旋转着的银河系中，它长长的螺旋臂实际上是数目众多的恒星系统构成的庞大家族，它们围绕着银河系的中心公转一圈大约要花上几亿年的时间。我们的太阳只不过是一个普普通通、不大不小的橘黄色恒星，在银河系中一个螺旋臂的内边缘，它默默无闻地演化着。

我们离亚里士多德和托勒密的观念已经相当遥远了，那时候，人们认为地球是宇宙的中心。今天，我们更倾向于接受一个无中心的宇宙模型。

宇宙完全像一个正在吹大的气球，所有的星系都在相互远离。表面上任何一点都会发现别的点正离它而去，而且距离越远退行速度越大。

五、恒星的生命周期

根据大爆炸理论，我们沿着时间隧道逆向走进它的源头。在那一时刻，我们发现，宇宙的尺度是无穷小，而且非常紧密和无限热。但是，宇宙辐射的温度随着它的膨胀而降低。大爆炸后的一秒钟，温度降低到约为 100 亿摄氏度，这时的宇宙中主要包含光子、电子和中微子及它们的反粒子，还有一些质子和中子。

在大爆炸后的大约 100 秒，温度降到了 10 亿摄氏度，这也是最热的恒星内部的温度。在这个温度下，质子和中子不再有足够的能量逃脱强核力的吸引，所以开始相互结合，产生氘的原子核，原子核正是在此时开始形成的。

大爆炸后的几个小时内，温度迅速降低。在这之后又经过了约40万年，温度降低到了4000℃，宇宙由辐射状态变为物质状态，与物质脱离后的辐射慢慢形成了宇宙背景辐射。今天，在我们周围，仍然存在着早期阶段的宇宙热辐射（以光子的形式），只是它们的温度已降低到略高于绝对温度（−273.15℃）几摄氏度而已。

随着时间流逝，星系中的氢和氦在某种力的驱使下形成相对较小的星云，它们同时也在自身引力下坍缩，在坍缩的过程中伴随着温度的逐步升高、内部压力的增大和引力对抗，这为星云内部发生核反应创造了必需的条件，一旦核反应开始发生，一颗恒星也就真正地形成了。

在星云中央，聚集着成千上万个浓厚、密集的大云团，在自身引力的作用下，这些浓厚的宇宙云很快开始收缩，在收缩的过程中，内部的温度也随之升高，当温度升高到一定程度时，热核反应即开始发生，一颗恒星也就正式诞生了。也正是从这时起，恒星开始了一个漫长的主序星阶段。

从星云的一部分收缩成一颗主序星大约需要 5×10^7 年。在我们的感觉中，这段时间虽然十分漫长，但与恒星的一生相比却仍然很短暂。据估计，质量为9个太阳大的恒星大约收缩2100万年就会到达零龄主序星的位置上。质量非常大的恒星，因有较强的引力场，它的收缩必然更为迅猛，大概只要50万年就行。如果一颗恒星的质量为太阳质量的1/5，那么它从最初阶段的收缩到发育成完全的恒星（主序星）大约要花上6亿年的时间。

恒星一旦从星云状态演化到主序星阶段，便在这里停留相当长的时间，像太阳这样大小的恒星在此阶段可停留约100亿年；质量低于太阳的恒星在这一阶段停留的时间更长；质量非常大的恒星，由于它的氢会很快燃烧为氦，在此阶段停留的时间就不会太长了。

质量与太阳一样大的恒星，大约要从900亿千米的暗星云中才能诞生出来。新诞生不久的恒星，精力充沛地闪烁着蓝白色光芒。此时，在恒星内部，进行着 4 个氢原子核变成 1 个氦原子核的热核聚变反应。

恒星一经诞生就属于主序星的范畴，可是以后不久它们就开始"散伙"，一个一个地流浪到宇宙空间的其他地方去了。恒星的质量越大，演化的速度越快，寿命也就越短。大约在氢燃料消耗掉 10% 以后，星核开始收缩，释放的能量迫使恒星的外层向外膨胀，并随之而冷却。当由氦组成的核心质量达到恒星总质量的一半时，恒星就猛烈地膨胀，最后变成红巨星，而变成红色是由于表面温度迅速降低的缘故。我们还不十分清楚，恒星在红巨星阶段究竟能停留多久，但有一点是肯定无疑的，即它不会像在主序星阶段停留那样长的时间。

在星核被迫膨胀之前的迅猛燃氦过程，称为氦闪。之所以叫作"氦闪"，是因为这种燃氦过程仅仅持续数千年。星体的膨胀使恒星温度下降，于是氦闪也就随之结束了。

恒星在变成红巨星以后不久，由氦原子组成的星核经过猛烈燃烧而生成了较重的原子如碳、氧和氖等，与此同时恒星开始收缩，内部的温度虽然超过了 1 亿摄氏度，但整个恒星的光度却逐渐减弱了下去。

这个时期的恒星，有时膨胀、有时收缩，光的强弱也随之发生变化，这时候的恒星叫作变光星。从演化的角度看，此时的恒星已经明显地衰老了。恒星的衰老伴随着体积的缩小，这时候，中心的温度高达 10 亿摄氏度以上。于是，更重的元素镁和钙就开始形成。老年的恒星不知什么时候会突然发生一次大爆炸，这是恒星演化到一定阶段发生的大爆炸，天文学上把这个变化叫作超新星爆发。仅此一次爆炸喷射出来的能量就等于太阳 1 亿年放射出来的能量总和。这样壮烈的景观，用来点缀一下恒星生命的最后时刻，倒是很相称的。

大爆炸以后，恒星周围的气体完全喷射出去，连一点痕迹也不留。剩下来的只是一个很小的星核，这个体积小的星核，就是白矮星。白矮星虽然体积小，质量却很惊人。在那上面，火柴盒大小的一块物质就能有 5 吨重。可见白矮星的密度有多么大了。

如此高密度物质的形成纯粹是在特殊环境下物质的微观结构发生

银河系

恒星的演化

了根本变化的缘故。在那种环境下，紧密地靠在一起的不是原子，也不是分子，而是原子核和电子。白矮星的下一步，就到了再也没有发光能力的时期，那时才真正是恒星死亡来临的时候。

另外，大爆炸喷射出来的气体和尘埃毫无目的地漫游在宇宙空间，并逐渐形成了星际物质。这些广泛存在于宇宙空间的星际物质又构成了许多浓厚的宇宙云，宇宙云就是产生另一个新星的母体。在浩瀚宇宙的各个天体中，诸如此类典型的循环演化过程在一定程度上跟生命过程周而复始的演化图景有一定的联系和可比性。

六、永恒的太阳

一般认为，我们的太阳系是在大约46亿年前形成的。目前，太阳正处在主序星阶段的中后期，下一步就将进入红巨星阶段。打个形象的比喻，或许可以这么说，太阳已进入盛年时期。但这毕竟是大尺度宇宙的天文时间，人类无须为此而惊慌失措。

地球差不多是与太阳同时开始形成的，由于重力作用、激烈碰撞和振荡、放射性衰变导致的能量积累，原始地球上的物质呈逐渐收缩状态，其结果就是重物质沉入核心，轻物质弥布其上，最终形成了今日的地壳、地幔和地核的分层结构。

太阳具有恒星的一般性质，也必然具有恒星通常的命运走向。这一点大概是不可逾越的。一般认为，太阳的寿命约为100亿年。未来的太阳，随着氦原子的增加，中心部分的温度也必将随之升高，那时太阳外壳的氦原子及剩下不多的氢原子就会更加猛烈地燃烧（实质是核聚变），结果太阳变得越来越明亮，地球的温度也逐渐增高，大海开始蒸发。

太阳的亮度如果达到现在的两倍，地球上的大海就会被烤干，陆地也将变成一片焦土。当太阳的直径为现在的 100 ～ 400 倍时，水星和金星就将被太阳吞食进去。大约在以太阳为中心以 1 ～ 1.5 个天文单位为半径的广阔空间内将会发生激烈的化学反应。

那时的地球将会成为一个大火炉，不再有生命的恋歌飘荡在红色的天空。一个能占据大半个天空的巨大的红色太阳球体将要没完没了地照耀着早已没有生物存在的地球表面。

一般来说，太阳系的生命会远远在早于那个时刻消逝得无影无踪。即使是用巨石筑就的文明也不可能在这样的灾难中留下什么痕迹。

有人说，在变成这个样子以前，人类将迁移到别的行星上继续生存下去。但在遥远的星际间旅行，并且在别的行星上寻找定居点以试图保存文明的种子和人类的生命，是十分艰难的。也许，我们更应该思考如何保护好我们现在的家园，让美丽停留的时间长一些。

七、能　量　之　源

阳光也是地球上所有生命充满活力、保持不竭动力的源头力量。生命需要能量催动细胞，被激活的细胞就可以不断地创造出奇迹。绝大多数生命获取能量的方式有两种：一种是直接吸收阳光而获得能量，比如植物；另一种是通过消化食物而获得能量，比如动物。

许多人喜欢沐浴在温暖的阳光中，但是我们的身体对于光能的利用没有更多的作为。从合成新物质的角度看，阳光能促进我们身体合成维生素 D。但对于许多植物和细菌而言，光能就重要得多，植物和细菌就像太阳电池板一样，利用光能获取能量，在化学上把这一过程叫作光合作用。

太阳是最原始的一次能源，一次能源维持了自然的运转，包括人类。但仅仅靠一次能源，人类社会恐怕永远只能停留在原始的阶段。

从根本上说，人类社会之所以能取得今天这样繁荣昌盛的局面，很大程序上依赖于对自然资源和能源的索取，而在很多方面，我们做的已超越了自然的承受力。今天的社会有些方面我们不得不依靠二次及后续能源。

在到达地球的光能中，植物只吸收了其中大约1%。猛然一看，这个数字好像很小，即使这样，这么多光能也是全世界发电站发电总量的300倍以上。离开了太阳，动植物的繁衍生息就不可能继续下去，没有阳光的沐浴，地球上的生命也难以为继。

在这个过程中，能量耗费在植物的生长中，并转化为植物本身。这些嵌入式的能量再通过动物采食植物而传送给了动物。完成这一步骤后，能量又在一种动物捕食另一种动物时产生。

动物在消化食物的时候需要有氧气参与，这和物体燃烧需要氧气的道理一样，大致属于同一个化学反应类型，主要区别是前者缓慢而后者剧烈。动物通过呼吸，利用一系列小心控制的步骤释放能量，动物消化食物时，所有活着的细胞就发生呼吸作用。植物细胞也会呼吸，它们通过光合作用制造食物，再在能量供应水平较低时分解它们，以获得能量。

能量是新陈代谢的基础，不论是动物还是植物，对食物的需求说穿了就是对能量的需求。对动物来说，新陈代谢的速度差别很大，这取决于它们的生命节奏。例如，蜂鸟和蜜蜂的生命节奏特别快，而鳄鱼则相当慢。对同一种动物来说，当它们在运动时生命节奏比较快，而在睡眠时就比较慢。当某些动物冬眠时，其代谢速度更是大幅度减缓。

植物的生长离不开阳光，这几乎是放之四海而皆准的真理，也是人们的常识。它们的主要食物资源是二氧化碳和水，在温和的条件下，它们就能将这两样极其简单和再普通不过的化合物转化为葡萄糖。在植物体内，葡萄糖既是资源也是能源。

但是，在一些特殊地区，比如在暗礁和深海中，细菌通过收集溶解矿物质，使其发生化学反应而获得能量。与几乎所有生物不同，那些微小的生命根本不需要太阳能。我们把那些细菌叫作无机营养菌，其英文单词为"lithotrophs"，字面意思是"食岩者"，它们的食物可能是铁、锰、铜，或者是硫。

受此启发，就可知道有些矿石为什么那么集中连片地分布在世界的某些地方了，"物以类聚"原来是有很深刻的道理的。对生命科学家来说，无机营养菌就是一个另类，这样的另类有可能在其他遥远的星球上实践着新陈代谢的过程。

八、生 物 圈

生物圈虽然是宇宙中极其有限的风景，但它确实存在，至少在我们身边。在过去的30多亿年，生物遍布了整个地球，我们把所有生物能够存在的那些区域叫作生物圈。地球的赤道直径为12 756千米，但是生物圈从顶部到底部不过25千米。和地球的直径相比，生物圈的厚度微不足道，就是在这个微不足道的生物圈中，容纳了地球上的所有生物，包括最高大的树木、最庞大的动物和肉眼看不见的微生物。

动物是一个种类繁多、生活方式各异的生物类群。动物是多细胞生物，植物也是。动物的生存离不开食物，这一点和植物又不一样。尽管动物终生运动，但一些动物几乎是在同一个地方度过一生的，另一些则为了食物而终生迁徙。迄今发现的动物数量超过了200万种。

即使在20 000米的高空，也存在生命的痕迹。不过，没有哪一种生命会把那里当作乐园，并在那个高度度过一生。经常光顾这一高度的是一些微生物、孢子和花粉，它们借助于风的力量来到这里，几天或几个星期之后才靠自身的重力作用离开。

在距离地面1000米的高空，经常会飞翔着一些鸟类，它们把那里当作自己的疆域，在那个寂寥的空间任意飞翔。能够飞行的昆虫更多，但绝大多数昆虫都活动在低一些的地方。

陆地生命则是另一番气象，随便在哪个地方都能找到各式各样的生命，或发现生命存在的痕迹。在赤道附近，树木在阳光的沐浴、雨露的滋润和常年的高温条件下长势旺盛，形成了茂密的热带雨林，它们是地球上土壤最肥沃的地方，也是动植物生活的天堂。

离赤道更远的地方环境变得开阔和疏朗。温带地区的气候比较湿润，在生物圈的这一部分，有大量动植物在此间嬉戏。更加遥远的地方，可能会有连片的沙漠，那里的年降水量急剧下降，有些沙漠地区甚至一年四季没有一点降雨，生命因为稀少而珍贵。

在极地和海拔较高的高山地区常常伴随着强风和严寒，严酷的生存条件使生命更加艰难。在那里只存在着一些极为特殊的生命，生命进化就是与环境的适应过程，一旦适应了那样的环境，就意味着它们开始找到了自己的家园。而在别的比较温和的地区，它们也许反而会不适应。地球上的有些地方是极度干旱，南极洲的"干谷"几乎很少下雨或者雪，可以想象那个地方会有多么荒凉。

生命不仅局限于地面上。肥沃的泥土中也存在着大量的动物、真菌和微生物，它们的主要任务就是帮助生物遗体或残骸完成自然循环。在天然洞穴中的地下暗河里同样充满了生命。人们已经在地下2000米的地方发现了细菌，这可能还不是生命存在的极限深度。

海洋生物圈是地球生物圈的重要构成部分。海洋占据了生物圈的很大部分，在海洋的各个角落，都能发现生命的存在，即使在深达10千米的水域中。各大洋都是相连通的，所以，水生生物可以分布到每个角落，即使如此，海洋中的生物也像陆地上一样，能够划分出不同的生活环境。

地球上所有的海岸线加起来超过了50万千米，在一些海岸，岩石会莫名其妙地陡峭，在那些地方，即使离海岸很近的水域也非常深，其深度甚至会超过几千米。而在另一些地方，水域又是不可思议的浅，比如澳大利亚和新几内亚之间中段的海床只有70米深。这些浅水域是由大陆架构成的，所谓大陆架就是在水面以下向海洋伸出的巨大的大陆边缘。

　　大陆架仅仅占据了海洋面积的很小部分，却是很重要的生物栖息地。海洋中的鱼类以生活在海床上的生物为食，这使得大陆架成了世界上最为丰产的渔场。有很多生物生活在热带珊瑚礁中，珊瑚礁常在浅海区，一般深度在 200 米以内，是比较干净温暖的水域，很多鱼类都把那里当作它们的家园。

　　海洋表面繁衍着大量的微生物和藻类，以及以它们为食物资源的动物，两者构成了浮游生物，它们是随水流而扩散的生物群落。

　　海洋上面很浅的那部分，生活着需要日光的水生生物，生物圈的这个部分非常重要。藻类就利用阳光进行光合作用而延续生命。在漆黑的深海中，则生活着不需要光也能生存的生物，那是一个高压且常年寒冷的地方，除了极个别的地方可能会有高温液体喷出。

　　在非常深的海底，也生活着许多生物。海洋沉积其实也给它们带来了许多食物资源，很多来自上层水域的残骸最终都会沉积下来，这些残骸形成了有黏性的海洋沉积物，那些生活在海床上的生物匆匆忙忙地穿行其中以寻找食物。即使在海底岩石几千米深度的裂隙中，也会找到一些细菌，不过在这一带，也是生命分布和生物圈的尽头了。

九、思想的宇宙：穹庐结构的今天和明天

　　时间会改变一切，包括宇宙的结构、大地的山川形貌、由原子构筑起来的生命以及生命的所有梦想。

　　回顾地球的生命历史，我们可以简单总结如下：在地球的原始海洋和大气中，许多简单化合物会越来越多地形成更复杂的化合物——从单原子粒子到多原子组合体；从小分子体系到大分子聚集物；从沉寂的无机客体到天然的超分子；从单细胞组成的原始生命到多细胞构

筑的复杂生命体；从最初的孢子到古老的地衣；从自养的静态生命到异养的梦游者；从简单的创造到意蕴深刻的复制；从世界的被动反映者到能动地反映世界的智慧生命。这既是一种发展趋势，也是一种逻辑必然。

化学演化一旦产生出能够复制的生命，这些生命就充分利用自然的丰富给养和条件，创造性地改变地球的环境。生物的种属变得更多，生命的历程丰富多彩，演化的形式复杂多样，并开始留下了若干的化石记录。

化学反应把宇宙幻想变成了实在结构。特别是关于碳的一切，使我们背后的世界充满了神秘感。在整个宇宙，碳是最普通的元素，含碳化合物也最多，它们构成了20%的星际尘埃，而星际尘埃又构成0.1%的银河物质。它们弥漫在宇宙空间。

在浩瀚的宇宙中，可能会有一个地方与我们身边的世界相似。在那里，生命分子会采取相同的运作机制，进化出丰富多彩但本质相近的生命。它们或生活在水深火热之中，或非常安逸地消磨下午的美好时光，或孤零零地靠心智创造未来。

宇宙的混沌结构是孕育生命的摇篮。在充满活力的尘埃中，一定有很多结构特殊的分子或基团，或许有一天，它们就会聚拢在一起组成新的生命。

那些我们知道的恒星和行星只是宇宙的一部分，它们散布在宇宙的某些角落。但是，在宇宙的更多地方，却是尘埃密布的涡流，它们充满了生机与活力，它们也许就是孕育未来生命的摇篮，它们甚至可能主导着未来宇宙的演化方向，也可能是我们梦想中"凤凰涅槃"的源头。

心智的进化应使我们更加谦卑，我们不应该去主宰一切。在宇宙中，我们只是漂泊着的一团白云里孕育出来的会歌唱和哭泣的民族。在我们之上，有物理定律深陷其中但不能自拔的穹庐；在我们脚下，这块看起来非常厚实的土地支撑着的实际是一个充满了可能性的世界。这里的万紫千红常常会误导我们对身边世界的理解，错把那些本来是梦中的东西与永恒的家园联系在一起。

　　所有灿烂的景致都如过眼烟云。当人类的所有梦想都终止后，只有一种东西会继续存在下去，那就是包含许多原子甚至分子的宇宙尘埃。而其他的基本粒子会永无休止地扩散开，然后在一个合适的时候和合适的地方停下来，在混沌无序和不可预测中进化出一片万里无云的晴空。

第三章

时间的深度

　　人类对时间的理解和思考由来已久。创世神话、生命传说和社会的历史故事，都寄托着人类的时间概念。直至今日，我们仍不甚明了时间的历史。

　　正是时光一分一秒的流逝造就了生命及一切现象，包括色彩斑斓的创造和悄无声息的消逝。

一、创生的神话

　　大约在公元前 1500 年，来自北方的游牧民族雅利安人征服了印度河和恒河流域，开创了吠陀时代。用古梵文所写的圣诗《吠陀》并未描述一位大慈大悲的造物主，而是记载了人对创世的敬畏，正像吠陀的歌手所歌颂的那样，人类的太阳放射着永恒的光芒。

　　吠陀文化主要源于神秘而又原始的宗教文化，古代印度人轻视今生、推崇来世。他们普遍认为，宇宙由创造而来。在这种思想的影响下，人们对来世充满幻想。神界永远被金色的光环所笼罩，神的圣与洁给古代印度人留下了不可磨灭的印象。走进他们思想中的不是天地的契合、世界的秩序和生命的自然属性，而是一种神秘且充满幻想的光芒。在这种光芒的照耀下，古代印度人开始了某种理想的构建。古吠陀《创世颂》中说：

　　　　那时候无所谓存在或不存在。
　　　　没有大气层，也没有上面的天空——
　　　　那时候既无死亡，也无不朽，
　　　　昼与夜尚不分明。

　　当然，这里指的是创生之初的原始混沌状态，从时间上看，大概是很遥远的。《原人歌》（出自印度最古老的诗歌集《梨俱吠陀》）却非常具体地描写了宇宙的形成：

　　　　当他们把布尔夏肢解时，
　　　　他被肢解成多少份？

他们把他的口叫作什么？

手臂叫作什么？

他的腿和脚又给了什么名称？

他的口是婆罗门，

他的两臂做王族，

他的腿变成吠舍，

从他的脚上生出首陀罗。

月出自他的大脑，

日从他的眼中生，

因陀罗（雷电）和阿耆尼

出自他的口，

他的呼吸化为风。

空界从他的脐中出，

天界由他的头化成，

地界出自他的脚，

方位从他的耳中生，

于是它们构造了世界。

　　把人的身体各部位和宇宙的具体构件相关联，这不仅仅是古代印度人的创造，实际上，在古代世界各民族的口传文学中还是一个十分普遍的现象。这差不多是人类作为一个群体进化到一定程度时灵感思维和自觉意识开始显现的结果。

　　这是一个重要的转折，它反映了人类对原型世界的认知从混沌朦胧状态走向一种神秘的解释。正如恩格斯（Friedrich Von Engels，1820—1895）在《路德维希·费尔巴哈和德国古典哲学的终结》中所写的："在远古时代，人们还完全不知道自己身体的构造，并且受梦中景象的影响，于是就产生一种观念：他们的思维和感觉并不是他们身体的活动，而是一种独特的、寓于这个身体之中而在人死亡时就离开身体的灵魂中的活动……并不是宗教上的安慰的需要，而是由普遍的局限性所产生的困境：不知道已经被认为存在的灵魂在肉体死亡后究竟怎么样了。同时，由于自然力被人格化，最初的神产生了。"

在公元前3世纪出现的犹太教《圣经》第一篇《创世纪》中，就十分形象地记录了上帝用6天时间创造世界的过程：

太初，宇宙一片黑暗，无天地、江河、日月、星辰之分，水与地混杂，海面上空虚混沌，只有上帝的灵在水面上运行。上帝开始了创造天地的工作。

上帝说："要有光！"光便立即出现。上帝看光很美好，便把光和暗隔开，称光为白昼、称暗为夜晚，这样便有了昼夜之分。夜幕退去，清晨来临，世界迎来了第一天。

上帝说："要有苍穹把水上下分开！"于是便有了苍穹。上帝称之为"天空"，它把水分为天空的和天空下的两部分。世界又过了一昼夜，这是第二天。

上帝说："天空下的水要汇聚起来，以使陆地露出来！"事情果然按上帝之言实现了。上帝称汇聚之水为海洋、称大地为陆洲。

上帝又说："地要长出不同种类的青草、结籽的蔬菜和结出果实的果树！"于是大地一片郁郁葱葱，各种花草树木争芳斗艳，充满生机。这是第三天。

上帝说："天空中要有发光体以分昼夜，确定节令和年、月、日，并且普照大地！"这样上帝便创造了日月星辰，它们弥布天空，分昼夜照亮天空，并有了节气周而复始的变化。这是第四天。

第五天，上帝说："水中要有生物游弋，空中要有雀鸟飞翔！"于是上帝创造了形形色色不同类别的水生生物和各类飞鸟。上帝看到这些生物那么美好，便为它们祝福："水生生物要多多繁殖，遍布海洋，飞鸟在地上生生不息。"

第六天，上帝说："地上要生长各类动物、牲畜、昆虫和野兽！"就这样，上帝创造出种类繁多的各种陆地动物。上帝又说要按照自己的形象造人，"让他们管理大地、海里的鱼、空中的鸟、地上的牲畜、野兽和爬虫。"于是上帝按照自己的形象造出了男女，并祝福他们要生养众多、遍布大地。上帝又说："我将一切结籽的菜蔬和带核的果子都赐予你们作食物，而将青草赐予地上走兽、爬虫、空中的飞鸟为食物。"

就这样，上帝花了6天时间创造了天地和万物。上帝看到所造之物均十全十美。到第七天上帝便停止一切工作休息了，并把这一天定为"圣日"。

《圣经》中的记载包含着创世神话的典型特征。一个虚幻的上帝就能穷尽宇宙中的一切谜底，那显然是不可信的。不过，在古代世界，人类尚处于蒙昧状态，这样的记述虽近于荒诞，却是可以理解的。

古代的创世神话给予我们的感觉是：好像宇宙间万事万物的根源在本质上就是一种纯粹的观念，而上帝创造世界的过程则真正体现了所谓的心想事成。

想一想远古时代的先民仰望着深不可测的天空和灿烂辉煌的四季星象，再看一看身边色彩斑斓的生命世界：高大茂盛的植物和毫不起眼的苔藓地衣、威猛的狮子和讨厌的麻雀，静听着生命的闹音响彻在荒野大漠中，他们是不可能无动于衷的。

在古代中国，自然景物不仅是人类活动的陪衬。它早已走进了人们的生活，成为培养人类幻想和思维的源泉。使无中生有和井然有序适时地找到了自己的位置。在《三历五纪》这本书中就记载着盘古开天辟地的创世神话：

"天地混沌如鸡子。盘古生其中，万八千岁，天地开辟。阳清为天，阴浊为地。盘古在其中，一日九变。神于天，圣于地。天日高一丈，地日厚一丈，盘古日长一丈，如此万八千岁。天数极高，地数极深，盘古极长。后乃有三皇。"

古代中国从来就没有一个神或神的代言人把一个民族从旷野中带领出去。因此，印入他们记忆中的远古生活画面是模糊不清的。这可以从最早的神话中窥见一斑。不过，这种简洁又朦胧的原始神话正好迎合了人类的心理渴望和幻想。把一个复杂多变的体系和永无止境的动态过程过分地理想化了。就连最简单的数字在创造世界的过程中也扮演了不同凡响的角色，关于这一点，只要看一看下面老子（字伯阳，谥号聃，又称李耳，约公元前 571—前 471）在《道德经》中的话就能体会得更加深刻。

"天地万物生于有，有生于无。"

"道缘于无。"

"道生一，一生二，二生三，三生万物。"

"数起于一，立于三，成于五，盛于七，处于九，故天去地九万里。"

"有物混成，先天地生。寂兮寥兮，独立而不改，周行而不殆。可以为天下母。"

"无名天地之始，有名万物之母。"

"无状之状，无物之象，是谓惚恍。道之为物，惟恍惟惚。惚兮恍兮，其中有象；恍兮惚兮，其中有物。"

老子所处的时代，是一个时世动荡、新思想与旧体系激烈碰撞的时代，即现今我们叫作春秋战国的那一个漫长时期。当时，思辨之风盛行，科学的精神始兴。生存在这样的环境中，对既成世界各个层面的重新审定不仅是可能的，而且是必然的。老子在经过了长时间的沉思和冥想之后，他试图重新阐释世界的本源问题。当然，老子的思想不可避免地变得神秘和虚无缥缈，这是他所处的时代所局限的。这种以玄思包装和笼罩着哲学光环的记述是那个时代对宇宙本源最具合理性的解答。

二、选择的代价

人类是智慧生命，不同于自然界中的万物。面对神秘的自然现象，远古人类会用进化的大脑思考正在变化的世界。在哲学的幕布还没有拉开时，神话先出现了。正是在这些人类最早的神话中透射出了古代科学和技术尚不成熟。

他们大概会想到由来已久的地球，想到它拖着庞大的身躯在宇宙之河里吭哧吭哧地爬行时的迷人魅力，想到它以永恒的风韵面对无限的时间而遗忘一切的那种飘然感觉，想到它真正地面对生命的本能冲动周期性地繁荣下去的那种孤傲的神情，会有一种幸福的自我陶醉感直透心底。

但是，一切的一切都会消逝，消逝了再消逝，直到永远。生命的世界有一个总体走向，那就是从热力学有序到热力学无序（即我们一般所说的孤立体系的熵增过程），从创造一切到消耗一切，从创生到消逝，从相对的、暂时的平衡态到绝对的、永远的非平衡态，这大概是永不停息的。这也是一个自然的历史过程。

在我们的印象中，远古时代的地球及太阳系的形貌和存在状况是相当模糊的。我们根本就不知道那时候到底发生了些什么。今天的所谓有关这些问题的理论在很大程度上是建立在某种数学模型基础上的想象和假说，它们肯定是有缺陷的、不完善的、过分简洁的，甚至还是错误的。

不过，现代天文望远镜给我们提供了一种观察遥远宇宙的窗口，通过这个窗口，我们看到了深邃的天空中灿烂的螺旋状物质云似乎在围绕着一个中心旋转，我们把它们叫作涡状星云。

在那里，也许真正地潜藏着一个我们永远理解不了的美妙和谐的秩序，一种伊甸园式的生命情态弥布其间。可是，回过头来，注目一下我们身边的世界，也许你会心情沮丧。

联合国环境公约中就有一个倡导生物多样性的条款，这从一个侧面揭示了生物种类的稀少和正在迅速减少的被动局面。生活在当今世界的人们如果想看看稍微珍贵一点的动物，大概只有到动物园去了。就是在这动物种类不多的、小小的动物园里，动物们大都是疲惫的、无精打采的样子，在栅栏内或躺着、或站着、或睡着。它们对用好奇的目光欣赏它们的游人不屑一顾，而那种黯然的、冷漠的目光中是不是透出了对人类的仇恨和蔑视呢？

这些高傲的家伙，从昔日的原野走到今天的笼形空间，从昔日的啸傲自然到今天被动地活着，从昔日与原生态世界和谐相融到今天被彻底地隔离。这就是它们必然的命运选择，这种命运选择在本质上是由于人类对自然选择的结果。但是，更多的物种早已不复存在，它们默默消逝在生命历史的高原上，把一个残缺不全的梦和零星的记忆留给现在和未来的人们。

地质学（Geology）研究告诉我们，人类的地球已经存在了40多亿年，这是一个漫长的无法想象的时间。最初的生命大约出现在30多亿年前，在以后十分寂寞的时光流逝中，生命逐渐繁荣了起来，到了中生代（Mesozoic）的三叠纪（Triassic），约2亿年前，地球上的生命达到全盛期，生活在那个时代的动物主要有恐龙类、早期的哺乳类、腕足类、爬虫类、斧足类、造礁珊瑚等，占绝对优势的裸子植物和星星点点的被子植物类覆盖着陆地表面的大部分。

万物是有始有终的，生命世界更不必说，它们有着清晰的缘起和消逝的痕迹。在这样一个寂寞苍茫的自然历史过程中，我们时时能感受到远古生命跃动在宇宙大背景上所产生的那种阵式和气韵。

据说今天生存在地球上的物种数目仍有数以百万计，但我们真正能看到的还有多少呢？今天的地球上到处都是人类，到处都在搞开发、搞建设。在我们的意识中从小就建立起了一种"地大物博，自然资源取之不尽用之不竭"的优越感。这种错误的观念不知误导了多少代人，使我们开始游荡在某种深渊的边缘。

人口爆炸的直接结果就是地球有限能量的加剧消耗、资源枯竭、生存环境急剧恶化、物种加速灭绝。这是我们极为有限的生存空间中的真正灾难。百科全书中介绍的很多现存物种只能靠我们发达的头脑来想象了，在动物园里我们根本看不到了。

那些曾经给地球带来繁荣和希望的生命一个接一个地消逝了，速度之快令人目不暇接。创生，然后消逝，这就是历史，这就是生命的必由之路。

第四章

化石：古老生命的印迹

在古生物学研究中，时间坐标是由研究所处岩层的地质学和地球化学状况推测而来的。如果一块化石所处的地层被认定为2亿年前，我们就知道它是2亿年前的遗物，误差不过几百万年。

化石是记录生命演化最直接的资料，通过研究各种动植物化石，我们才能对过去的生命有一个初步的印象和认识。对我们来说，几乎所有关于那个时期生命的历史及生命演化的规律和知识，都是通过研究化石获得的。从对古生物化石的研究中，我们可以推测各个地质历史时期的自然环境和地球生态结构。

一、化石形成

化石（fossil）通常是这样形成的：动植物死亡后，还没来得及腐烂，就被含水沉淀物迅速掩埋。在漫长的地质历史时期，由于产生化学反应，无机矿物质渗入、有机物排出，沉积作用改变了有机体周围的环境，促进了机体组织与矿物盐的合并，这其实也是一个矿化的过程。在这个过程中，动植物的遗体逐渐成为地壳的一部分，它的外部形态和内部构造还能识别出来，这就是化石的来源。沉积岩的形成与此同时发生。

如果这一过程没有发生，生物残体只会被暂时保留下来，但不会成为化石。另外，有机体叠印在沉积岩中的印模，或生前留下的痕迹也叫作遗迹化石。

化石的形成过程叫作化石化作用（fossilization），这是一个相当艰难和漫长的过程，一系列有利环境的创造全靠必然性中的偶然性了。这也是曾经生存过的大量动植物全都消失得无影无踪、没留下任何化石的根本原因了。只有极少数有机体的骨骼或其坚硬部分变成了化石。

二、信 息 源 头

植物化石对研究地球的历史更加重要，所以，下面我们要特别提

化石

到植物化石。如果把地球表面的地层比作一部厚厚的史卷，植物化石就是史卷中仓促记录的文字。尽管化石记录有很多残缺，具有局限性，也谈不上系统，它却是我们了解远古时期植物生活习性和动态演化的唯一证据。

其余多是一些推测，这些推测主要基于我们对已有资料的分析，分析中又做了许多假设，在做出某种假设或判断时，也会掺杂着自己的感觉、经验及直观把握。我们正是通过化石记录才知道了许多生活在过去的植物的。

陆生植物的起源和演化是影响整个陆地生态系统的重大事件，也是我们必须关注的。因为地球是我们生存的根本，我们应尽最大能力去营造一个和谐的自然。

植物化石的系统调查始于17世纪末，调查和发现的结果激活了人们的想象力，启迪了人们的思想。在这之前，谁能想到它们是曾经生活在水边的美丽生物呢？当时，宗教教义限制了人们的思维，他们相信，所谓化石是由于圣经中所说的大洪水而形成的。

18世纪的大部分时间，古生物学的研究进展缓慢，相关的出版物也寥寥无几。那仍然是一个业余博物学家的时代。19世纪初，一个叫帕金森（James Parkinson，1755—1824）的人出版了三卷本著作《从前世界的有机残骸》（*Organic Remains of a Former World*）。书中明确提出，煤来源于植物化石。这个人实际上是一位内科医生，以他的名字命名的帕金森综合征正是他第一个提出的。

随着探险家们从世界各地采集的标本日益增多，人们对自然界的认识也更加深刻。古生物学家施洛泰姆（Schlotheim，1764—1821）主要在德国和法国采集化石标本，一生写了许多古植物学的著作。他清楚地认识到这些化石的地层学意义，也认识到石炭纪植物化石不能和现生种作密切对比，而且提出了一个在当时看来是相当大胆的观点：石炭纪植物过去生活的气候要比今天发现它们化石产地的气候温暖些。

在此之前，另一位古生物学家斯顿伯格（Sternberg，1761—1837）出版了《史前植物地理描述的尝试》（*An Attempt of Geographical*

Description on Prehistoric Plants），植物化石的命名就从那时开始。斯顿伯格认为，地质历史上有三个植被时期：成煤植物时期、苏铁植物时期和有花植物时期。这实际上就对应着今天教科书中所说的古生代、中生代和新生代。

化石记录还能提供其他信息。调查植物化石的地理分布有助于复原古代世界的地理景观。1912 年，德国地质学家魏格纳（Alfred Lothar Wegener，1880—1930）提出大陆漂移学说，其重要证据之一就是，石炭纪植物化石分布与现今相连大陆上的化石分布明显反常。魏格纳的假说铸就了板块构造理论的基石，成为解释地质构造、气候变化、古地理环境和植物演化相互关系的最好工具，也搭建了地球生命科学中许多宏观现象和微观机理的背景和框架。

通过研究植物化石，我们还能知道另外一些信息：如根据地质时期植物群分布情况可以判断过去气候的变化；植物化石也可用于估算围岩的相对年龄，这个学科被称为生物地层学；大多数煤是沼泽森林形成的泥炭残骸，等等。

三、时间隧道深处的脚步

如上所述，化石是过去生物的遗骸或遗留下来的印迹，只有极少量的生物能成为化石而保存下来。一个生物死后，由于物理、化学和生物诸因素的共同作用而迅速消失。只有当机体被埋藏在一种使这些因素不起作用的介质中时，才有可能被保存下来。通常是埋藏在河流或湖泊的淤泥里、洞穴中的沉积层、泥炭层或沥青层。更为稀少的情况是埋藏在火山爆发而落下的灰烬里，机体在被埋藏时可能已经部分改变或消失。大多数生物化石是由于河流或湖泊中水的作用而保存在沉积层或洞穴中的，只有少数是偶尔在个别地壳运动的事件中形成的。

古生物化石是沉积岩层中指示当时生态环境的最可靠依据。比如说，野外石灰岩中的珊瑚化石是那个时期海洋生物的遗存，今天坚硬的石灰岩在远古时代则是海洋的洋底。

在一些开采煤矿的地层中，如果发现大量的树叶、树干、树根，以及花果之类的化石，那就可以断定这里在远古时期曾经是一片茂密的森林。那里当时肯定是一片沼泽地、充盈着一望无际的绿色。也说明那里当时的气候湿润、日照充足。当然，煤本身也是古代植物的化石堆积。

另外，如果在新生代的地层中发现了披毛犀或猛犸象的残骸，那么，那里当时的气候肯定是严酷寒冷的。

今天，我们多半是借助于地层中化石的记录来了解和图示生命的盛衰兴亡史的。在这种静态的历史和缺损的原始记录中，我们看到了一个动态的生命过程从时间的隧道深处慢慢地飘来。这样的例子随处可见，我们不难从中找到有关的记忆。

沈括（1031—1095，字存中，号梦溪丈人，浙江杭州钱塘县人，北宋政治家和科学家）在《梦溪笔谈》第二十一卷中说："近岁延州永宁关大河岸崩，入地数十尺，土下得竹笋一林，凡数百茎，根干相连，悉化为石……延郡素无竹，此入在数十尺土下，不知其何代物。无乃旷古以前，地卑气湿而宜竹耶？婺州金华山有松石，又如核桃、芦根、蛇、蟹之类皆有成石者。然皆其地本有之物，不足深怪。此深地中所无，又非本土所有之物，特可异耳。"

这段文字实际上记述的是沈括在用化石综合分析自然环境的变迁。延州指现在延安市及其附近的延长、延川、安塞等地。北宋神宗元丰三年（1080 年），沈括到延州任安抚使，主管西北边防事务。他在延川入河口，即延州永宁关（今陕西延川县延水关）附近的河岸崩塌处深达数十尺的地层中，见到根干相连的数百茎"竹笋"，立即断定它们已成为化石（悉化为石）。他见这种古植物的茎、枝都有节和节间，又有细长的叶子，误认为是竹子。

实际上，它们是蕨类植物中的新芦木和拟带蕨等植物化石，属于三叠纪时期的植物。沈括联想到他在婺州金华山（今浙江金华境内）见过的松树化石等，认为这些是当地本来就有的，不足为怪。而延州的"竹类"植物，是在当地干燥气候中所未见到过的，于是，他推测在旷古以前，这里曾是"地卑气湿而宜竹"的古气候。沈括对古气候的推断是有相当科学根据的。

四、尘埃渐远

相对来说，在地球历史的某一个时期，生物物种的总数变化不大。但是，每一个物种的平均寿命却是有限的，有些物种的平均寿命才几百万年，像恐龙这样的爬行类，其寿命也只有 1.5 亿年。我们尚不能知道人类的寿命能达到多少。不过，考古学（Archeology）和古生物学（Palaeontology）研究证明，人类已经存在了 200 多万年，也算是相当悠久了。人类的未来还能持续多久？这是一个不太容易回答的问题。

如果一个物种为了自身的利益和生存，处处违背自然规律，以自我为中心，破坏自然的和谐，它们命运的悲剧性终结可能随时会降临。不过，还是让我们想象得更浪漫一些吧！如果人类能活到太阳的红巨星时代，那应该是十分幸福的事情。那时候的人类将会看到比现在大得多的橘红色的太阳更加匆忙地游荡在青褐色的天幕上，周行而不殆。但那时天空也会更加闷热，大地更加干燥。

缺少了水的滋润，生命的繁荣、理想的构建又从何谈起呢？据说现今仍生存于世的生物物种数目大约只占地球上曾经有过的所有生物物种总数的百分之一不到，这算不算是地球及存在于地球上的生命系统走向衰老的一个明显信号呢？

生物种群之间的微妙联系可以追溯到极为远古的时代，大约在25亿年前，就有各种原始的菌藻类活动在浩茫的海洋中，它们大概就是现在所有生命的共同祖先。今天，如果地球上还有它们的化石存在，那肯定是有史以来最为古老的。让我们略感遗憾的是，这种可能性微乎其微。曾经存在过的所有生命都是这些最原始生命的各种后代，这一猜想在DNA（脱氧核糖核酸）的双螺旋结构中得到了革命性的印证。

不过，这倒清楚不过地启示我们，生命是同源的。同源的生命都活在一个极长的链上，它们习习相生、环环相连，这些环上的生命在种群之间呈现出一种静谧和谐的关系。

生命是同源的。从化学的角度看，同源的生命其运作过程都毫无二致。它们都是靠一些小分子的供给在体内继续不断地合成糖类、蛋白质、各种酶类等，并把能量十分有效地储存在那里，通过代谢作用，又把能量缓慢地释放出来。

在本质上，生命的运作是一个化学过程，生命体系是一个高效的能量转换器，宇宙能量的一部分正是通过一个个生命系统而循环的，能量守恒在这一层面上展示得十分清晰。

在这一过程中，还有一类叫作微量金属元素的配合物扮演了十分重要的角色。这些井然有序的活性分子和自行组装的结构基元在生命新陈代谢的荒原上发挥着卓有成效的作用。正是由于它们的存在，人类的天空才更加灿烂辉煌，生命的原野才给我们以更加深沉的感觉。

生命的牧歌是美丽的，但也是感伤的。自然界中的一切都要自觉或不自觉地遵守宇宙的基本规律，这恐怕是唯一不能更改的。在岁月的长河中，生命通过自身对环境的适应和选择实践着美丽景象的复制和叠印，直至消逝。

那些孤独无援的小生命，当我们想到它们在几百万年甚至几千万年的寂寞路途上向前走去时，当我们想到它们迎着极地的阳光匆匆回眸的那一瞬间时，当我们想到它们从远古的洪水中走出又迈入寸草不生的荒原上时，一种无限的欣慰之感油然而出。

生物进化是十分缓慢的，一种固定的生物种类走出美丽的高原需要漫长的时间，这在达尔文（Charles Robert Darwin，1809—1882）的进化论中体现得十分突出。因此，一个不变的、平衡的世界就成了人类的直觉和经验判断。

然而，古老的化石却真实地记录了两种不甚相同的演化速率。在一段时间内，大多数物种保持不变，这是一个相对平静的时期，在这种状态下，由于生命的渐进演化而形成的新物种与灭绝的物种总数基本维持平衡状态。自然世界如一池清水，以它牧歌长存的情调聚集起了所有的幻想。

在另一段时间内，则是更多物种的突然形成，或是某些物种大规模地灭绝。在生命的历史上，确实存在着此类事件。像寒武纪的生命大爆发和诸如恐龙等爬行类的灭绝事件，就是人类至今还没有完全破译的秘密。古生物学家拉马克（Jean-Baptiste Lamarck，1744—1829）对这一现象有独到的见解，他认为："在我们居住的星球上，万事万物都在发生着不断的和无法避免的变化。这些变化遵从自然界的基本法则，而且由于变化的性质和个体在其中所处的地位不同，而多少受到变化速率的影响。然而，这些变化都是在某一个时期完成的。对于自然界来说，时间成了物种演化的一种法力无边的手段，它既可以完成微不足道的琐事，也可以完成最伟大的功绩。"

当我们以十分专注的目光凝视着那些形形色色的化石和化石所记录的不同种类的生命时，当我们向深厚的大地投去痴情的一瞥时，当我们面对长天和夕阳而再也听不到生命的牧歌时，也许我们会怜惜昨天的美丽，我们会咏叹消逝的辉煌，我们不再有新的祈盼。

　　地质构造运动引起的沉积作用、变质作用和褶皱作用，产生了今天出现在世界各地的镶嵌着化石的磷灰石、大理石和其他石灰质的岩石。世界各地的白崖、地下暗河所雕刻的宏伟的自然大教堂、闪着微光的页岩等，都是一个时代最杰出的作品。可以说，生命活动和地质构造作用共同铸就了地球历史的辉煌篇章。

　　地质记录使我们认识到了时间的深度和历史的悠久。我们还会不会十分自负地面对一个既成的世界？我们应该重新审视自己的所作所为，我们应该发自内心地问问自己，人类的出路在哪里呢？

第五章

寻找生命的密码

在世界很多民族的神话传说中，都能感受到远古世界的图景和大地的沧桑巨变。

那不仅仅是神话传说，其中渗透着的是某种信仰，体现的是一种观念。像汉语中的"沧海桑田""海枯石烂"这样的成语，既有传说的成分，也包含了无限久远的时间意义，是很有些辩证意味的。如果它也归于哲学范畴的话，一定是非常原生态的。在这种原生态的哲学或科学中，不难发现生命的蛛丝马迹。

一、 记忆的痕迹

地球就像一本合着的书，生命的密码就是那些隐藏其中的化石，通过解读这些古老的生命符号，我们就有可能了解地球自身进化的历史痕迹，就有可能构筑生命的历史。虽然这本"书"编排大致有序，但有很多的残缺和模糊不清，需要我们静下心来才能读懂。

据说古埃及僧侣和婆罗门教徒都发现了埋在地下的化石，但他们没有找到化石的实际用处，在枯燥深奥的教义中，化石仅仅是世界多次毁灭和创生的一个证据。

19 世纪初，一个叫史密斯（William Smith，1769—1839）的英国地质学家说，不但每个地层中含有特定的生物化石，某种化石在地层中的位置也是固定的。他说，以一种或几种生物化石为标志，就能对地层进行划分，使其井然有序的结构得以确认。含有同样化石的地层，尽管它们在不同的地方，也应当属于同一年代。"生物地层学"（Biostratigraphy）的概念从此就诞生了。

对生命化石的研究，可以帮助我们推测远古时期的地质和地理环境，有助于了解生物本身的状况。即使如此，也只能将地球的历史局限在生命出现之后，而且还是一个大概的排序。

二、寻找切入点

色诺芬尼（Xenophánes，约公元前 570—前 480 或前 470，或公元前 565—前 473）认为，在内陆甚至高山上发现海贝壳，是海陆变迁的证据。亚里士多德（Aristotle，公元前 384—前 322）说，海陆分布不是永久不变的，陆地和海洋会相互转换，并且这些变化是有规律的。史脱拉波（Strabo，公元前 64 或前 63—公元 24）进一步提出，陆地会升起和沉陷，结果导致海水的涨落与泛滥。

古希腊自然哲学的发达由此可见。希腊人崇尚理性和智慧，热爱真理，对知识的寻求有一种异乎寻常的热忱。从他们的作品中，处处能发现深刻的思想、辩证的逻辑推理和对科学的至上追求。要知道，那是 2000 多年前的情况，是相当遥远的事情。那时候，中国哲学家的精力主要集中在人与社会相互关系的领域。

罗马帝国崛起后，并没有很好地继承古希腊文明的成果。在此后 1000 多年的时间里，基督教在西方世界占统治地位，在这样的背景下，《圣经》的宇宙观成为神圣教条，这严重阻碍了科学前进的步伐。

弄清楚地球的年龄的确不是个简单问题。在没有找到准确的切入点之前，人们只能从古代的神话传说中来猜测天地生成的时间。1654 年，爱尔兰一位大主教从希伯来的经典中，居然考证出地球是在公元前 4004 年 10 月 26 日上午 9 时由上帝创造的。

这种荒诞的说法在当时的欧洲竟然还有人认同。据说这个并不曾见于希伯来文献或其他旧典籍的数字，从 1701 年起被印制在教会审定的《圣经·创世纪》第一页边上，几乎被看作与《圣经》正文一样重要。

古代希腊

在欧洲，现代地质学诞生之初，遇到的主要阻力就是这个今天看上去滑稽可笑的数字。至于化石，教徒们说，它们是石头受孕于天的产物，或由地层中的物质偶然凝结而成，或者干脆就是"造物主的戏谑"。

到不得不承认化石是古代生物的残骸时，他们又说，这是诺亚大洪水毁灭万物的证据。但他们忘了其中所含的重要细节，即化石在地下是分层分布的，各层生物有明显差异，这绝非一次洪水能够做到。

三、追 根 溯 源

为了弄清楚地球的真实年龄，科学家们一直在探索。17 世纪，丹麦地质学家斯泰诺（Nicolaus Steno，1638—1686）总结了 15 世纪以来的地质构造思想，提出了一个重要观点：地层最初沉积下来时都是水平的，如果没有受到剧烈活动影响而改变位置，那么应该是先沉积的、较古老的地层在下，后沉积的、较年轻的地层在上。

这看起来实在是简单得不能再简单。用汉朝大臣汲黯（字长孺，濮阳人，生年不详，公元前 112 年去世）抱怨汉武帝用人的话来说，无非就是"如积薪耳，后来者居上"。但是，在地质学上，这个"地层层序律"（the stratigraphic sequence law）具有重要意义，它揭示了地层具有时间先后序次，研究地层就可重建地球的历史，也为时空观念的统一提供更多的证据。在一个善于发现的眼睛里，通过观察地球现在的构造，隐约能看到远年的废墟。

1862 年，英国物理学家开尔文（Lord Kelvin，1824—1907）第一次从物理学的观点探讨了地球的年龄问题。他假定地球原来是炽热的液体，以后逐渐冷却凝固。根据热传导原理，他推导出地球由刚开始凝固到演化成现在这个样子所经历的时间约为 2000 万～4000 万年。

　　他的计算结果发表后，并未得到学术界的认可，尤其是地质学家们，他们说这样的数据绝不能被视为地球的整个年龄。因为地壳运动并非只有一次，实际上，地球历史上的造山运动已经发生了很多次。用最后一次变化的岩石来测定整个地球的年龄，是他们无法接受的。尽管如此，也比那位爱尔兰大主教推测的地球年龄漫长多了，重要的是，他的推测依据已经不是想当然的传说，而是一种科学的方法和合乎逻辑的思维过程。

四、　放射性现象及其应用

　　我们知道，有一些同位素原子是不稳定的，它们的原子核会自发地失去某些粒子，变成另一种元素的稳定同位素，我们把这个过程叫作衰变。每种放射性同位素都有自己恒定的衰变速率，从开始衰变到其质量剩下一半所需要的时间，就是化学或原子核物理中所说的同位素的半衰期，而且，半衰期不受任何外界因素的影响。

　　大多数放射性同位素原子衰变得很快，半衰期只有几年、几个月、几天甚至更短，显然不能用这些同位素原子的衰变过程来测量古老岩石的年龄。但也有一些放射性同位素原子衰变得非常慢，可以用来测量古老岩石的年龄。

　　从这个角度看，它们好像是地质时钟。比如铀235（$^{235}_{92}U$）衰变成铅207（$^{207}_{82}Pb$）的半衰期是 7.04 亿年，铀 238（$^{238}_{92}U$）衰变成铅206（$^{206}_{82}Pb$）是 45 亿年，钾 40（$^{40}_{19}K$）衰变成氩 40（$^{40}_{18}Ar$）是 125 亿年，铷 87（$^{87}_{37}Rb$）衰变成锶 87（$^{87}_{38}Sr$）是 488 亿年。甚至还有半衰期更长的，钐 147（$^{147}_{62}Sm$）衰变成钕 143（$^{143}_{60}Nd$）是 1060 亿年！它们适合测量非常古老的岩石。而半衰期为 5730 年的碳 14（$^{14}_{6}C$），则适合测量时间尺度在几万年内的样品。

　　放射性现象的发现不仅拓宽了化学和物理学的视野，也为地质历史的研究带来了福音。1905 年，英国物理学家卢瑟福明确提出，放射性原理可以作为直接测定地质时间的工具。从原理到工具的演变似乎是在一夜之间完成的。

　　1907 年，美国耶鲁大学的放射化学家波特伍德（B. B. Bottwood，1890—1927）发表了一篇论文，论文中，他根据云母矿样品中铀与铅元素的含量比推测了这种岩石的年龄。虽然结果不够精细，也足以显示这一方法的可行性了，放射性测年从此成为地质学家手中最有力的工具。

　　19 世纪末，发现了天然放射性元素后，科学家就开始根据岩石中放射性元素的衰变速度，测定岩石的具体年龄。一种重要的方法是铀铅法，当时，人们已经知道，一克铀 235（$^{235}_{92}U$）在一年的时间里，就有 $1/(7.4 \times 10^9)$ 克裂变为铅和氦，只要我们按一定的要求进行岩石采样，并用专门仪器测定岩石中放射性元素铀 235（$^{235}_{92}U$）和铅207（$^{207}_{82}Pb$）的比值，就能计算出岩石的年龄。这种方法称为同位素年龄定位。同位素年龄也是绝对年龄。此外，利用铷锶法、钾氩法、^{14}C 法等，也可以测量岩石的年龄。比较起来，用铀铅法测定特别古老的岩石，效果会更理想。用这样的方法对原始地壳中的古老岩石进行测算，得出的结论是：地球上的古老岩石年龄一般为 36 亿～ 40亿年。

　　再后来，由于天文学的研究成果增多，人们知道地球与太阳系的年龄大致相当。因此，通过测定一些坠落在地球上的陨石，将地球的上限年龄确定为 46 亿年。46 亿年前开始产生古地壳以来的这段漫长时期就是地球的地质时期，也称古地理圈时期；46 亿年以前的时期，称为天文时期，又称前地质时期。

　　只要某古老岩石含某种放射性同位素和它的衰变产物，测量一下它们的相对含量，就可以计算出岩石的年龄。这个方法说起来容易，数学公式也简单，但这不是问题的全部。实验操作和测量仪器的先进及可靠才是根本所在。

　　从分析化学的角度看，结果的精密和准确取决于多种因素，这些因素缺一不可。比如，有关同位素的衰变速度必须已经精确测定，如果半衰期有误差，测年结果自然就含糊。测出的岩石样品中的同位素含量必须足够精确，通常情况下，样品中放射性同位素及其衰变产物的含量都非常少，这就要求测量技术一定十分高超。

而且，一些外界因素可能导致同位素从岩石里流失，或使岩石遭受污染，如果不考虑到这一点，就会得出虚假的年龄。为此必须对样品进行严格筛选，而绝不是随便从哪里捡来的石头都能用于测年龄的。

弄清楚了这些技术细节，才有可能达到目的。由于各种原因，不同实验室和不同测量技术得出的测年结果并不总是完全吻合的。由于岩石中某些同位素的逃逸或污染，使岩石看起来更年轻或更古老。因此，一般要进行多次测量或用不同的测年技术测量，方可得到比较可靠的结果。

地球的历史已经非常漫长，生命的历史也足以勾起我们无穷的遐想。研究古老的生命离不开化石，因为化石能告诉我们几千万年前甚至若干亿年前古代生物的某些信息。

五、捕捉生命的记忆

说到生命，我们就想起了化石。通过动物或植物化石，古生物学家就能捕捉到来自远古时代的生命影子。当化石稀少时，一块骨头、一颗牙齿、一个蠕虫的空壳、甚至是一片树叶的化石脉络都有可能提供重要信息。当然，古生物学家最喜欢完整的动物或植物化石。

有更多的生命没有留下化石，或它们的化石还沉睡在深山老沟未被挖掘的地层里。化石记录只能提供有限的信息，通过这些有限的信息帮助我们重建生命的历史。至少加上合理推测，可以窥视远古生物的概貌。

实际上，从现存生物也能得到很多信息，它们能告诉我们远古生物的大概状况，生命的整个历史实际上就隐藏在当今那些活着的生物体中，只要我们弄清楚了这些，也就有可能重建生命的历史。

我们把人类史前时代地质历史时期形成的并存在于地层之中的生物遗体和活动遗迹称为古生物化石，包括植物、无脊椎动物、脊椎动物等化石和遗迹化石，它们见证了地球的历史，是研究生物起源和进化的科学依据。古生物化石和文物不同，它们是自然遗产，也是重要的地质遗迹。

第六章

前寒武纪：混沌初开

尽管前寒武纪在地质历史中占了大约 7/8 的时间，但人们对这段地质历史时期的了解相当少。这是因为前寒武纪少有化石记录，而且，像叠层石这样当时最主要的化石也只适合用作生物地层学研究。此外，许多前寒武纪时期的岩石已经严重变质，使其起源变得隐晦不明。而其他有可能是化石的东西不是已经腐蚀毁坏，就是还埋藏在显生宙地层底下。

所以，教科书把前寒武纪划入"隐生宙"。前寒武纪分为冥古宙、太古宙和元古宙三部分。

前寒武纪（Precambrian）是自地球诞生到 5.4 亿年前的这段时间。尽管早在 30 多亿年前生物就已经出现，但其进化却长期停滞在很低级的阶段。

一、最早的生命是藻类

在生命起源和进化方面，从冥古宙末期到太古宙，地球上的生命从无到有，这是生物演化史上的一次飞跃。太古宙开始时，可能出现了低等的菌藻类植物，到元古宙末期的埃迪卡拉纪，生物的种类逐渐增多。

大约在 35 亿～33 亿年前，一种叫作蓝绿藻的生命系统就已出现，它们的特点是能进行光合作用，其直接结果是把大气中的二氧化碳变为氧气。在蓝绿藻出现以后的 20 亿年间，大气成分在十分缓慢地发生变化。这是量变引起质变的一个典型实例，也意味着一种新的生命形式即将出现。

大约在 10 亿年前，氧气在大气中的含量已接近 2%，这为未来的生命演化提供了一个理想的环境。这时，海洋中的单细胞生物已经分化出许多种类，包括一些原生动物，它们是当时地球上最为复杂的生命形式。

根据地球化学研究提供的证据，我们有理由相信，尽管元古宙中晚期氧含量有一定上升，但海洋基本保持缺氧和多硫的状态，对很多生命形式而言，这种状态是不适合的。

在澳大利亚北部，发现了海盆沉积岩的分子化石，分子化石揭示的是 16 亿年前的情况，分子化石为了解那个时期的海洋生态系统提供了线索。我们把这些分子化石叫作碳氢化合物的生物标记物。

这些生物标记物记录了一个缺氧和多硫的世界，这样的环境不适合产生氧气的藻类生存，却适宜产生硫化物的绿色和紫色细菌的大量繁殖。作为一个整体，这些生物标记物提供了关于当时海洋状况的生物学证据，即那个时期海洋中的氧含量远远低于今天。

在这样的环境下，硫化物遍布水中。在元古宙中期的沉积物中，丰富的黄铁矿和稳定的硫同位素矿床使得硫酸盐含量比现在高。

元古宙中期，生物学上重要的金属，如铁和钼持续不断地形成不能溶解的硫化物，结果就从海水中析出。对生命系统来说，深海缺氧是一方面，海洋中有限的生产力是另一方面，风化作用加速了硫酸盐的形成，这导致海水中含硫化合物的减少。

元古宙的英文单词"proterozoic"属希腊字源，意为早期原始生命。到了这个地质历史时期，微生物已经能够通过收集光能而进化，比较著名的就是蓝绿藻，它们的后裔一直延续至今。

经历了一次大冰期后，藻类和细菌重新繁荣。生物演化的方向是从原核生物到真核生物，从单细胞到多细胞。它标志着生命演化进入了一个新时期。这一时期，细菌和蓝藻开始繁盛，蓝藻细菌主要生活在浅滩海域，后来又出现了红藻，绿藻等真核藻类。

太古宙的菌类和蓝绿藻类到这时进一步演化。岩层中广布着蓝绿藻类的群体，经生物作用和沉积作用后，保存在石灰岩和白云岩中。从横剖面上看，呈同心圆状和椭圆状。从纵剖面上看，呈向上凸起的弧形或锥形叠层状，就像扣放着的一摞碗，叠层石（Stromatolite）的名称由此而来。叠层石的形态和内部构造能够为地层的划分提供重要信息。

这是因为这些藻类在生长过程中黏附了海水中的沉积物颗粒，在一代代的繁衍之后，最终形成层纹状结构物，层层叠加就形成了我们常说的叠层石，它们是早期生命化石的一种。叠层石是地球上最早的生物礁，首次出现在太古宙，到元古宙，叠层石的数量明显增多。这是一个重要信号。

根据叠层石的形态、分叉形式、体壁构造、纹饰及内部构造，划分为许多类、群、型，对于地层的划分和对比有一定意义。

二、10亿年前，出现了第一种动物

此后，生命的步履从没有间断，到了 10 亿年前，出现了第一种动物，这标志着生命的演化向前迈出了一大步。尽管它们非常微小，但相较于早期的生命形式却更为复杂，因为它们体内存在许多细胞，生命形式的多样化已经很像那么一回事了。元古宙结束前，海洋中出现了一些低等无脊椎动物。

众所周知，藻类植物光合作用的结果，是改善了 CO_2 和 O_2 在大气中的成分分布，使地球表面环境、特别是空气构成从缺氧型向含有较多氧的状态过渡。大气成分的性质从还原型朝氧化型方向的转变就从那时开始。

中元古代的地层中含有铁紫红色石英砂岩和赤铁矿层，说明当时大气中含有相当多的游离氧。大气及水体中氧含量的增多不仅影响岩石风化和沉积作用的方式及进程，也给生物发展和演化准备了物质条件。

到新元古代的埃迪卡拉纪，多细胞生物已经很常见。这个时期出现的软体生物很少留下化石。埃迪卡拉纪后期，有一些虫子爬行的痕迹，也找到一些小的硬壳动物。可是大部分的埃迪卡拉动物是一些不能动的球状、盘状或叶状体。

埃迪卡拉动物群包含三个门、19 个属、24 个种低等无脊椎动物。三个门分别是：腔肠动物门、环节动物门和节肢动物门。水母有 7 属

9种、水螅纲有3属3种、海鳃目（珊瑚纲）有3属3种、钵水母2属2种、多毛类环虫2属5种、节肢动物2属2种。这些分类就相当专业了，这里只点到为止。

与今天的大多数动物相比，埃迪卡拉动物显著不同，它们没有头、尾、四肢，也没有嘴巴和消化器官。因此，它们从水中摄取养分的时候，多半都是固着在海底（这一点和植物十分相近），或者是平躺在浅海处，等待营养顺水流过。

这种"守株待兔"的生活方式看起来原始，可是与更早以前的生命相比，还是进步了不少。在后来的几千万年甚至更长时间里，它们中的一些具有了一定的进攻性，更适应恶劣的生存环境；另一些则永远地消失了。

第七章

古生代：春之序曲

古生代的含义就是远古的生物时代，古生代前后持续了 2.9 亿多年。对动物界来说，古生代是一个重要时期，这一时期以一场至今不能完全解释清楚的寒武纪生命大爆发拉开了序幕。

寒武纪动物的活动范围只限于海洋，但随着植物登陆，一些动物的活动空间也从海洋扩散到干燥的陆地。古生代后期，爬行动物和类似哺乳动物的动物出现。最后，古生代以迄今所知最大的一次生物灭绝宣告结束。

古生代（Paleozoic）约从 5.4 亿年前开始，到 2.5 亿年前结束。古生代共分 6 个纪，这 6 个纪分别是早古生代的寒武纪、奥陶纪、志留纪和晚古生代的泥盆纪、石炭纪和二叠纪。

生物学家也把早古生代称为无脊椎动物时代，而把晚古生代称为鱼类及两栖类时代。

这个时期的动物群以海生无脊椎动物中的三叶虫、软体动物和棘皮动物最繁盛。在奥陶纪、志留纪、泥盆纪、石炭纪，相继出现了低等鱼类、古两栖类和古爬行类动物。鱼类在泥盆纪臻于全盛。在石炭纪和二叠纪，昆虫和两栖类繁盛。古植物则主要以海生藻类为主。

一、寒武纪：生命爆发

寒武纪（Cambrian）开始于 5.4 亿年前，结束于 4.9 亿年前。这个名称最早缘于英国。19 世纪 30 年代的一个夏天，英国地质学家塞奇威克（Adam Sedgwick，1785—1873）背着简陋的工具来到了英国西部的威尔士，在当地的坎布里亚（Cambria）山脉研究地层结构，并以此山脉的名字命名了这一个地质历史阶段。

自寒武纪以后，开始出现动物，它们繁衍之迅速、形态之复杂是以前的植物不能比的，所以它们又称为显生生物。在地质学上，就把寒武纪以后的时期叫作显生宙。

当时，已经形成了原始浩瀚的汪洋大海，它们覆盖了地球 95%

以上的表面，只有很少的高原和山峰露出水面，成为无限大洋中孤零零的小岛。再后来，岛屿从大洋中升起，扩展成大陆。

在寒武纪潮湿的低地，可能分布有苔藓和地衣类的低等植物，但它们还缺乏真正的根茎组织，难以在干燥地区生活。无脊椎动物也还没有演化出适应在空气中生活的机能。所以，寒武纪没有真正的陆生生物，大陆上缺乏生气，可谓是极度荒凉。

1. 在时光中穿越

寒武纪是地球生物界真正萌发勃兴的时期，菌藻类继续繁盛，同时，在短短的几百万年时间内出现了种类繁多的无脊椎动物，最早的脊椎动物也开始出现。这确实令人振奋，寒武纪初期发生在地球上的这个生命突然繁荣的事件在地质学上叫作寒武纪生命大爆发（Cambrian explosion）。

这种突然出现在寒武纪地层中门类众多的无脊椎动物化石包括节肢动物、软体动物、腕足动物和环节动物等，三叶虫化石是其中最著名的。而在寒武纪之前，长期以来，更为古老的地层中几乎找不到动物化石的痕迹，这也是古生物学上产生"寒武纪生命大爆发"这一概念的根本原因。

寒武纪生命大爆发是古生物学和地质学上的一大悬案，自达尔文以来，寒武纪生命大爆发就一直困扰着学术界，在这一事实面前，进化论备受质疑。

达尔文对此就大感迷惑，在《物种起源》中对这一事实表示了忧虑。他认为，这一事实会被用作反对进化思想的有力证据。为了使自己的思想能站稳脚跟，他对此给出了自己的解释：寒武纪的动物一定是来自前寒武纪动物的祖先，是经过漫长时间的进化之后才产生的。他说："寒武纪动物化石出现的"突然性"和前寒武纪动物化石的缺乏，是由于地质记录的不完全或是由于老地层淹没在海洋中的缘故。"

在现代海洋中，70%以上的动物种和个体实际上都是由软组织构成的，因而极少有形成化石的可能。那么寒武纪生命大爆发时是不是也会产生如此众多的软躯体动物呢？科学家们认识到，自寒武纪生命大爆发时，地球海洋中就生活着种类繁多、形态各异的动物，绝大多数地层中保存的硬骨骼化石误导了人类对早期生命的认识。例如叶足动物门的有爪动物，只生活在南半球的少数陆地地区。

在此之前的约 40 亿年间，地球上的生命系统只有菌藻类和微乎其微的无脊椎动物。生命进化的步履缓慢，好像那个漫长的时间内生物界没有发生过多大的变化，变化急骤的只是山川河海的改貌和气候环境的变更。沉寂的生命似乎被不朽的陆壳紧紧地裹着。

在寒武纪之前，也许会有数以万计的生物种类曾经存在过，曾经繁荣昌盛过、曾经沐浴过年轻太阳的遥远光芒、曾经在深海域或浅滩中尽情地享受过没有知觉的一生，把自己对世界的感觉交给了自然的色光。但是，美好的记忆被深蓝色的海水冲刷得干干净净，一切都无声无息地消逝了。

在那些充满阳光的温暖沼泽或浅海地带，种类繁多的类似流质的动物肯定存在过，浮出水面或出现于阳光所及的浅滩砂岩中充满绿色的生命肯定悄然繁盛过。但是，岩石没有把这一切完备地记录下来。生命历史的真空地带无疑在拓展着人类自由想象的空间，在我们称为"古代的时光隧道"中任意穿越。

从印有生命最初痕迹的古老岩层中，我们略知寒武纪生命的主要门类和基本结构形态。它们大都是一些构造简单、食性单一的低等动植物，一些贝类的壳、形状可爱的植物花状的头和躯干、海藻、海虫和某些甲壳动物的形骸都给我们强烈的暗示，勃发的生命以一种混沌的状态仅存于有限的区域。

寒武纪时，浅海边缘开始出现了最古老的多细胞动物，它们的身体构造十分简单和原始，它们中具有骨骼的种类极少。我们可以想象这样的场景：在漫长的白天，它们张开类似降落伞的皮膜在碧波荡漾的海面过着漂浮生活；许多蠕虫在海滩上或礁石间挖洞和觅食；少量的节肢动物在水中游来游去；海绵动物则固着在礁石上，凭着它们多孔的身体，从四面八方吸食着海流送来的微生物；蜗牛的老祖先软舌螺壳顶翘起，在海底来回摇摆……这一时期，海洋中开始出现了大量带有外壳的动物，这是动物演化的一个历史性事件。

寒武纪生命大爆发所引发的生命多样性似乎是一起异常神秘的事件。最不可思议的是，这次事件只涉及动物，却让共同经历了这段非常时期的植物置身局外。大爆发是生命进化过程中的一个重大事件，也许是由于动物进化模式的自我选择使能量呈有序排列，而使生命系统充满了生机。

这个时候，陆地上没有任何生物的踪迹，没有树木、没有草类，连地衣也没有。天上没有飞鸟、水里没有游鱼，原始的海洋脊椎动物也仅限于少量的种属和有限的水域。

那是一个苍茫辽阔的原生态世界，一望无际的苍穹里除了太阳在闪着金光外什么也没有，甚至没有一点声音。有限的大地寂寥荒芜、岩石裸露、高山孤悬，除了海水一次又一次地撞击着岸边的砂岩而发出"哐哐……哐哐……"的声音外，大概再连什么也听不到。可以想象一个人如果能够回到那个时代，他会有一种什么感觉呢？

2. 生命的理想状态

震旦纪冰川活动结束后，气候变得温暖湿润，适于生物繁殖，欧亚大陆沉积了广泛的叠层石，还出现了大量的微古植物，由于当时海水清浅、阳光充足，其他生物又极少，几乎没有与之竞争的对手，所以，微古植物得到了空前繁荣，整个海域几乎都成了微古植物的世界。这些微古植物还是藻类。

在新陈代谢永恒不衰的生命长链中，一些细胞器开始具有了自我复制的功能，具有了某种能够独立生存的本领。无性生殖完整地保留着生命的原貌，几乎是一成不变地把最初的基因一代一代地遗传下去。藻类在 20 亿～30 亿年的时间内没有多少变化，自然选择的空间深邃而狭窄。

已知最古老的真核生物是双滴虫，其中就包括贾滴虫（*Giardia Lamblia*），这是一种营寄生生活的微生物，能引起人类和其他一些动物罹患严重的肠道传染病。贾滴虫是一种历史悠久的活化石。根据

DNA 测序的结果，贾滴虫在进化之树上位于真核生物主干一个侧枝的末端，这一侧枝大约在 20 亿年前分化出来，正好在氧气出现在地球大气之前。

从代谢的角度讲，贾滴虫是一种绝对厌氧的微生物，适应在无氧环境中生活。这种适应可以令人信服地追溯到贾滴虫与真核生物主干未分离时的远祖，那时氧气在地球大气中还十分有限。如果情况确实如此，贾滴虫的整个祖先世系经受了氧气危机的考验，而且 10 多亿年来一直不停地进化，并且不知什么原因被保护了起来，与氧气隔绝，直到后来它在一些动物的内脏里发现了适宜的无氧环境。

但是，真核细胞的出现使性成为生命进化和发展的头等大事，性的生物功能是通过异体中个体基因的混合产生变异性。在真核生物中，性细胞具有正常体细胞一半的染色体，当两个性细胞结合产生一个后代时，原来的遗传物质量又恢复了。

性的出现为生命的叠印和繁殖开创了一个广阔舞台。在不太长的时间内，生物种类的多样化和生命世界的繁荣景象就形成了，这都是因为有了性。

今天，我们或许可以这么说，离开了两性的结合，一切生命都无从谈起。崇高到为万物之灵长的人类、讨厌到以滚粪球为乐的蜣螂、憨痴到不知忧愁为何物的大象、美丽如晨雾中展颜一笑的牵牛花等，全都离不开性。或许克隆技术提供了一种完全相反的表达。但那不是生命的自然选择，也不合乎生命的自然属性，是一件非常陌生又十分异端的事情。

植物生产、真菌还原和动物消费代表了这个世界上三种主要的生存和运作方式。地球生命的主要周期是在生产者和还原者之间进行的。

动物是一个十分庞杂的消费群体。在本质上，对自然世界而言，人类是一个最具破坏性和奇异消费方式的生命群体。而且，随着人口的膨胀，消费群体日趋庞大。从根本上说，如果智慧的人类不能找到一种更好的生存方式，前景将非常暗淡。实际上，一个巨大无比的陷阱、一个创造者亲手挖就的天然坟场就在不远处。从生态平衡和生命永存的角度看，这个世界如果没有消费者或许要好得多。

地球之所以能成为一个生态空间完全是因为真核细胞的进化和多细胞真核生物的繁荣。整个生命系统能够在寒武纪生命大爆发期间产生出来皆缘于此。在生命历史上，那绝对是多姿多彩的一页。

一个没有生命的世界是寂静的，而一个具有生命的世界也有可能无声无息。比如说只有原始茂盛的森林、辽阔无垠的草原、令人心怡的奇花异卉和绿如地毯的苔藓地衣……就像是一幅极富自然情韵的静物画、一首韵律优美的抒情诗。

大自然以它非凡的创造把一支遥远的牧歌慢慢渗入我们的感觉系统。一个充满着植物和真菌的生命世界静谧而美丽，生命在没有喧闹和追捕的声音中生长和消逝。从纯粹生物学角度看，那才是宇宙间生命的最佳存在方式。但那几乎是不可能的。

3. 在大爆发中进化

寒武纪生命大爆发也许是褊狭零散的岩石记录带给我们的一种错觉。但有一些因素还是可以考虑的。

寒武纪之前，地壳结构的剧烈变化、热流运动和压力变化使生命化石的保存几乎不可能。震旦纪大冰期的结束标志着一个新时代的开始，地球历史翻开了新的一页。大地解冻、冰川消融、阳光普照、海洋扩大。

气候的巨大变化必然导致生命的大面积迁徙，一些生命开始从冰层缝隙漂向沼泽地，另一些生命则从遥远的湖泊涌向海洋。最初的生命都是软体的，这也正是前寒武纪漫长时间内没有留下什么像样生命化石的根本原因。

寒武纪的生命能够较多地留在化石中，生命正是在这个时候出现了许多新种。经过了漫长的前寒武纪时代，地球大气层中自由氧的含量有了明显提高，这是海洋中藻类光合作用的突出贡献。它为生命演化提供了一个不同质的大气环境，最终导致地球整体生态系统的深刻变化。在这个前提下，生命新种的不断涌现和适应新环境的重新繁荣便是一个必然结果，这有可能是寒武纪生命大爆发的重要原因。

几乎与此同时，地球上空的平流层（stratosphere）中逐渐形成了一个臭氧层，它可以吸收大部分来自太阳的紫外辐射，给地球上的生命创造了一个更加温和的环境。这也可能是寒武纪生命大爆发的因素之一。

关于寒武纪生命大爆发，古生物学家罗德里克·莫奇逊（Sir Roderick Murchison，1792—1871）认为，海洋第一次生命物质的增加并不是逐渐相继地增加更复杂的生命形式。相反，多数主要的生物类群差不多是在寒武纪初期同时产生的。

前寒武纪（直到前寒武纪末期）化石记录的不过是 25 亿年来的细菌和蓝绿藻，在接近寒武纪初期，复杂的生命以惊人的速度产生。"爆发"是指寒武纪初期几百万年的时间片段内生物多样性的突然增加。在我们看来，几百万年的时间仍然长得不可想象，但在地质历史上却是微不足道的。

寒武纪生命化石出现较多的一个重要原因可能是地球上化学变化和生命演化使海洋里积累了大量的碳酸钙，一个含有钙质的骨架便赋予了早期的软体动物。想一想在寒武纪时代突然出现了古杯类、三叶虫类、腕足类、腹足类、海胆、海蕾等有壳无脊椎动物和石灰质藻类，这种可能性就更大了。

那是一个真正旺盛的生态系统，在广阔无垠的空间里有很多食物，生命的存在由于缺乏竞争而变得慵懒，也十分寂寞。进化是从一种原始状态走向另一种原始状态，是从一次辉煌展示走向另一次辉煌展示。那是一个"万类霜天竞自由"的时代，那是一个把最初的梦想变成动态的四维图示的时代。

4. 三叶虫是当时生物的典型代表

寒武纪时期，地球上大多是一片汪洋，只有极少的陆地。那时的地壳十分宁静。南半球和北半球的绝大部分都被海水淹没。

寒武纪的生命

古杯类动物是这个时期最有特色的生命。有一种叫作三叶虫（Trilobites）的形似蚜虫的小动物开始在浅海底爬行和蜷缩着，在慵懒的阳光下自由舒展着柔弱的身体。此后又出现了一种叫作海蝎的动物，它们有点像今天寄生在土壤中的蝎子，行动自如，生命力旺盛。它们可能是当时的海洋里所有动物中最灵活和最有力的一种。

三叶虫是当时生物的典型代表，由于三叶虫具有坚硬的外壳，化石容易保存，我们才看到了它们频繁活动的身影。这种腹部两侧长有很多附肢的节肢动物最小的不足 1 厘米，最大的可达 70 厘米。它们成群地在海水中底栖游泳或过着浮游生活。在三叶虫最繁盛的时候，几乎占当时海洋动物的半数以上，它们种类繁多，形体各异，在地球上足足生活了 2 亿多年，后来全部灭绝，却留下了大量化石。寒武纪结束时，多数三叶虫灭绝了，但有一支似乎进化成了水蝎，体长竟然超过了 2 米。

寒武纪是三叶虫的时代。现代的鲎虫就是这种原始的节肢动物活着的近亲。鲎虫因为长期以来没有经受什么进化性的改变而保留到现在，我们有时候形象地把它们称为古老生物的活化石。

三叶虫演化变异较为迅速，其进化特征也较为显著。所以寒武纪时期三叶虫的生物地理分区特别清楚。寒武纪时期，其他低等的腕足类、软体动物、腔肠动物和蠕虫也常有发现。一些原始的无颌类脊椎动物在寒武纪晚期的海洋中也已出现。当时的植物界仍以藻类为主。

5. 澄江生物群

说到寒武纪生命大爆发，笔者想起了云南的"澄江生物群"。在一个烈日炎炎的下午，笔者来到位于北京西直门外的中国古动物馆。那一段时间，馆内正在举办题为"探寻 5.3 亿年前的海洋"的展览，展出的正是云南"澄江生物群"。

所谓"澄江生物群"，指的是保存在云南省澄江县及其附近地区的古生物化石群，距今已有约 5.3 亿年的历史，那正是地质历史中的寒武纪时期。澄江在昆明市东南，两地相距约 80 千米。

两年后，在云南澄江县城东约 5 千米的帽天山上，笔者目睹了

"澄江生物群"化石的发掘现场，泥岩中大量栩栩如生的特异化石群，将我们的想象力引向了十分遥远的时代。讲解员说，它们堪称全球寒武纪早期海洋生命景观最完美的代表。

5亿多年前，澄江地区还是一片汪洋大海，海洋中游弋着或漂浮着大量的原始动植物。后来，这里发生了复杂的地质变化，适宜的环境条件使这些动植物的遗体或遗迹变成化石被保存了下来，直到今天，古生物学家才发现了它们。

使学术界感到困惑的是，在当时的海洋中，不知什么原因，当今地球上的很多种动物门类在短短的时间里几乎同时都出现了。须注意，这是地质历史上的时间概念。因此，人们借用"大爆发"这个词来形容当时发生的事情。

目前，我们对"寒武纪生命大爆发"的原因还知之甚微。如今，帽天山已成为国家地质公园，每年吸引成千上万来自世界各地的古生物学家和业余爱好者。当然，"大爆发"的原因尚不得知，但在这里却能让我们感觉到生命源头的时间和空间纠缠在一起的情形。

在"澄江生物化石群"中，最有代表性的化石动物是奇虾、微网虫、海口虫、始莱得利基虫。笔者发现，包埋着澄江动物化石的围岩，大多是一种纹理细腻的浅黄色页岩，动物的躯体部分呈现出清晰的红褐色或黑色印痕。

正是有这种细腻、独特的岩石保护，才使包埋其中的动物躯体保存得十分完整。澄江地区的化石不仅保存了动物的外壳和矿化的骨骼，也保存了生物的软体器官和组织轮廓，如动物的肠、胃、口等进食和消化器官，以及动物的肌肉、神经和腺体等体内组织。在"澄江生物化石群"中，大量的化石是没有硬体外壳和矿化骨骼的软躯体生物，就像我们常见的蚯蚓和水母那样的生物。这是非常激动人心的一件事。因为在其他地区，在漫长的地质作用下，这类软躯体的动物遗迹是很难保存下来的。

根据化石看，寒武纪时期奇虾最大的个体可达 2 米以上，而当时动物的平均个头只有几厘米，奇虾堪称那个时代海洋中的巨型食肉动物了。海口虫的化石保存得非常清晰，它们的身体有些像鱼，且有一条粗壮的脊索横贯头尾。它类似于现代海洋中七鳃鳗体内的原脊椎，位于脊索背上的神经索呈管状，神经索的前端膨大，这可能就是最初的脑。从身体的解剖结构看，海口虫就是现代脊椎动物的最初祖先了。

二、奥陶纪：生物多样

奥陶纪（Ordovician）是古生代的第二个纪，它开始于 4.9 亿年前，结束于 4.4 亿年前。当时的气候温和，且广泛分布着浅海。

在地质学上，奥陶纪可分为三个时期：奥陶纪早期，奥陶纪中期和奥陶纪晚期。

总体来说，奥陶纪气候温和，浅海广布，世界许多地区都被浅海海水淹没，其中包括中国的大部分地区。奥陶纪的海洋生物空前繁荣，其繁荣程度远远超过了寒武纪。其主要的生物有三叶虫（Trilobites）、笔石（Graptolites）、腕足类（Brachiopoda）、棘皮动物中的海林檎类（Cystoidea）、软体动物中的鹦鹉螺类（Nautiloidea）、珊瑚、苔藓虫、海百合、介形类和牙形石等。

曾经在寒武纪兴起并达到极盛的三叶虫和腕足类等仍然兴盛。节肢动物中的板足鲎类（Eurypterids）和脊椎动物中的无颌类 [如甲胄鱼类（Ostracodermi）] 等也已出现。奥陶纪中期，陆地上的淡水中出现了无颌类脊椎动物。奥陶纪是海生无脊椎动物真正达到繁盛的时期，也是这些生物发生明显的生态分异的时期。

奥陶纪的海洋生物

奥陶纪的生物化石以三叶虫、笔石、腕足类、棘皮动物中的海林檎类、软体动物中的鹦鹉螺类等最常见。此外，苔藓虫、牙形石、腔肠动物中的珊瑚、棘皮动物中的海百合、节肢动物中的介形虫和苔藓动物化石也很多。

奥陶纪时期的海洋动物是现代动物的最早祖先。一种叫作古老海星的星状动物生长在洋底。海底的带壳动物包括与现代牡蛎有关的软体动物，看起来与软体动物相似的腕足动物和外壳卷曲的腹足动物。现生鱿鱼就是它们的近亲，它们运动灵活，能够快速游过海底搜寻猎物。发现于南美的无颌类萨卡班巴鱼的原始祖先就出现在这一时期，它们是地球上最早的脊椎动物之一。但这一时期仍然没有任何动物生活在陆地上。

奥陶纪期间，低等海生植物继续发展，据古生物学家推测，淡水植物也可能已经出现。在中奥陶世，珊瑚开始出现，虽然比较原始，但已经能够形成小型的礁体。由于海洋无脊椎动物的繁盛，在前寒武纪时欣欣向荣的叠层石在奥陶纪时急剧衰落。

那时期，出现了一种叫作笔石的脊椎动物。这里所说的笔石指的是一种海生的群体动物化石。它们大都保存在页岩中，以一种扁平状的黑色或棕褐色的印模叠印在岩层的表面，类似书写在岩石上的笔迹。笔石的名称由此而来。它是一种喜好群居的小动物，可能与柱头虫有亲缘关系，后者同笔石一样，属于脊椎动物门中最原始的亚门——"半索动物亚门。"

笔石是奥陶纪、志留纪、乃至泥盆纪初期的重要海生动物，少数固着于海底生活，大多数漂浮在海面上。中奥陶世，笔石动物群异常丰富，主要是海洋面积骤然增加所致。由于身体很小，笔石化石通常只有几毫米或几厘米。身体小或许还是优势，它们漂洋过海更加容易，因此它们分布极广、演化极快。它们是奥陶纪到志留纪的典型化石动物。

正是通过化石记录，我们才知道了几亿年前这种动物的基本形体，它们是许多胞管连续生长、并行排列的枝状结构。那些基本呈圆锥形的胎管就是笔石体最初发育的部分。

它们或像小树一样固定生长在海底，或漂浮于海面，以水体中的微生物为食物，维持着原始的生命形态和最低层次的能量需求。

现在一般认为，笔石最早出现于寒武纪中期，在奥陶纪和志留纪时达到极盛，石炭纪的到来也是它们灭绝的开始。它们最终灭绝于石炭纪中期。

另一种重要的动物是鹦鹉螺，它们是一类生活在热带海洋中的头足类食肉性动物，最早出现在寒武纪晚期，到奥陶纪和志留纪达到全盛，以后逐渐衰亡，目前仅残留一个属种，而且十分难觅，是我们当今时代最珍贵的活化石。

这一时期，腕足动物演化迅速，大部分类群均已出现。鹦鹉螺进入繁盛时期，它们身体巨大，是奥陶纪海洋中的凶猛肉食性动物。由于大量肉食性鹦鹉螺的出现，三叶虫在胸部和尾部长出了许多针刺，以避免食肉动物的袭击或吞食。这是在生物进化中为了生存而采取的防御策略。

环境的变化，带来了生物组合的改变，特别是底栖生活的三叶虫大量减少，代之而起的是属于头足动物的鹦鹉螺。今天的乌贼和章鱼与它们是同一个家族。鹦鹉螺一经出世就迅速发展，它们具有庞大的身体，有坚硬的颚，能够咬嚼一些甲壳动物，面对这样的竞争对手，三叶虫的日子很不好过，它们的灾难就在不远处。

鹦鹉螺这种动物死后，壳体最容易成为化石，也是研究那个时代地质环境和气候变化最重要的化石。

三、志留纪：植物登陆

奥陶纪结束后，接踵而来的是志留纪（Silurian），志留纪从4.4亿年前开始，到4.2亿年前结束，其间经历了大约2000万年的时间。

奥陶纪和志留纪均是以英国威尔士地区的两个古代氏族部落曾居住过的地方而命名的。志留纪分为早、中、晚、末四个世。

奥陶纪末期或志留纪初期，地球曾遭受过一次大的冰期，正是这次冰期导致的低温环境使古气候发生了显著变化，这在早志留世笔石页岩的表面留下了印记。当时，约有85%的物种在那次大冰期中灭绝，包括许多无脊椎动物、叶足动物门和古虫动物门。到早志留世晚期以后，全球气温开始明显回升，出现了各门类生物欣欣向荣的新时期，各种生物迅速繁盛起来，通过生物化学作用而来的石灰岩也迅速积累，出现了众多的壳相沉积。

1. 海洋生物丰富多彩

志留纪的海洋生物与奥陶纪基本相似，但各门类和数量有了很大差别。笔石类已经走过了巅峰状态，而海胆、海星、海林檎、有壳头足类等则十分繁荣。繁盛的珊瑚常与腕足类及苔藓虫等组成生物礁体。今天澳大利亚东北部的大堡礁就是这么形成的。

这个时期，一种叫作水蝎的动物出现了，原始的鹦鹉螺达到极盛。浅海水域中弥布着螺旋形的鹦鹉螺，它们几乎不会发出声音，只是在吃饱喝足之后把那种不可复制的非对称美裸露在夏日的阳光中。

在节肢动物中，曾称霸于寒武纪的三叶虫，经过奥陶纪一度繁盛后，到志留纪出现了明显衰落。尽管如此，与三叶虫相比，介形虫更处于劣势，但局部情况例外，个别地方的介形虫还保存下来了一些有用的化石。

另外值得一提的是，腕足类在这个时期仍然相当繁荣。它们是一种喜欢群居的海生动物，绝大多数固着栖息在温带或热带的浅海底部，也有极少数的腕足类生活在寒带或深水底。这个时期最大的特点是植物登上陆地，在海中则出现了有颌骨的鱼类：棘鱼类。棘鱼类演化出了鳃盖骨，海中有成群的珊瑚聚集生活，造礁珊瑚和其他生物的碳酸钙骨骼堆积在一起，最后形成珊瑚礁。

志留纪的生物群与奥陶纪生物的谱系关系密切，特别是无脊椎动物，只是类别更加繁多。与奥陶纪相比，志留纪的生物面貌有了进一步的发展和变化。海生无脊椎动物在志留纪时仍占有重要地位，但各门类的种属更替和内部构造都有所变化。

双笔石类继续生活在海洋中，单笔石类也开始兴盛；腕足动物内部的构造变得比较复杂，如五房贝目、石燕贝目、小嘴贝目得到了发展；软体动物中头足纲显著减少，而双壳纲、腹足纲则逐步发展；介形目大量繁衍；珊瑚纲进一步繁盛；棘皮动物中的海林檎类迅速减少，而海百合类则大量出现。

这个时期，海洋无脊椎动物发生了重要更新，在晚志留世的海洋中，节肢动物中的板足鲎（即海蝎）广泛分布，并成为当时海洋节肢动物中个体最大的种类。伴随着陆生植物的发展，志留纪晚期还出现了最早的昆虫和蛛形类节肢动物。

板足鲎类是志留纪无脊椎动物中最重要的食肉类代表。它们是游泳高手。与头足类中的菊石族不同，板足鲎类不仅存在于海洋中，在半咸水域、甚至在淡水中也能见到它们的踪影。这些板足鲎类最初出现在奥陶纪，志留纪和泥盆纪的到来，一种新的生态环境的出现可能是对它们最严峻的考验。

志留纪的无脊椎动物有许多独特之处。最常见的化石包括笔石、腕足类、珊瑚等。笔石以单笔石类为主，如单笔石（*Monograptus*）、弓笔石（*Cyrtograptus*）、锯笔石（*Pristiograptus*）和耙笔石（*Rastrites*）等，它们是志留纪海洋漂浮生态系统中最引人注目的一类生物。也有双笔石（*Diplograptus*）和栅笔石（*Climacograptus*）等，它们的繁荣可追溯到奥陶纪。

笔石分布广泛，演化速度快，在世界的许多地方，都可以发现它们的踪迹。根据笔石演化的阶段特征及特殊类型的地质历程，可以确定地层的边际。

志留纪期间，腕足动物的数量相当多，在浅海平底底栖生物中占有绝对优势。所以，在古生物学上，志留纪时代也是腕足类的壮年期，它们始见于晚奥陶世，到志留纪趋于鼎盛。

珊瑚和层孔虫也是志留纪较繁盛的两个门类，常见于生物礁、生物丘和生物层中。志留纪的珊瑚包括四射珊瑚、床板珊瑚和日射珊瑚，数量和属种类型繁多，至泥盆纪达到鼎盛。层孔虫的最盛期也在泥盆纪，所以志留纪是它们的准备期。它们营固着底栖的生活方式，所以在地理分布上有明显的区域性，但其幼虫阶段可以浮游，在今天的海洋中，早已不见了它们的踪影。

腹足类和双壳类仍旧缓慢地进化着。在整个古生代，无论在丰度还是在分异度上，它们都不如腕足类。有意思的是，在今日的海洋中，腹足类和双壳类仍占有一定的优势。这给我们一个重要启示：可以通过研究它们的身体结构特点和生活习性来研究远古时期的生态变迁。

与奥陶纪相比，这时期头足类中的鹦鹉螺明显减少，如奥陶纪常见的内角石类在这时期基本灭绝了，没有新的大类在志留纪中出现。海百合类是志留纪发育最成功的一种棘皮动物，志留纪海林檎的生活方式与现代的比较相似。

志留纪的海蝎子能长到 3 米长，它们可以算上是那个时代的庞然大物了。莫氏鱼等鱼类在志留纪也比较常见。早期鱼类没有颌，志留纪的鱼类进化出带关节的颌，能将食物咬碎，这是它们异于早期鱼类的重要特征。

在奥陶纪就出现的脊椎动物无颌鱼类继续繁盛。无颌鱼类是最早和最原始的脊椎动物。它们没有上下颌，口如吸盘，大都生活在水中，具有鱼形的身体。和通常意义上的鱼类相比，它们是更原始的脊椎动物。现生无颌鱼类仅有盲鳗和七鳃鳗两大类约 50 种，但在早古生代的海洋中，它们的数量和种类繁多，是真正的海洋霸主。

这个时期，一种叫作盾皮鱼的原始鱼类开始出现。另一种叫作甲胄鱼的具有原始的鱼形、无颌脊椎动物仍然游荡在浅海水域中，这种没有上下颌、不能咬嚼的最早鱼类只能靠吞吸食物维持生命。它们生活在河流湖泊及浅海水域的水草和浮游生物之间。由于其原始的身体构造和特化的形态，当后来长有上下颌和偶鳍、取食和运动主动灵活的鱼类出现以后，它们在严酷的生存竞争中就被淘汰出局了。那大约是在泥盆纪即将结束的时候。

在志留纪中期，进化出了更先进的有颌鱼类，如盾皮鱼类和棘鱼类，这在脊椎动物的演化历史上是一个重大事件。鱼类开始征服水域，为泥盆纪鱼类的繁盛创造了条件，也为高等脊椎动物的进化奠定了基础。

2. 植物登上陆地

志留纪初期，陆地上就有了植物的踪影，最初的这些植物属于苔藓类。自那时起，它们的残骸就不断落入泥沙中，后来保存为化石。植物化石是保存在地质记录中的植物遗体及其印痕，它们是植物的残骸经过沉积物掩埋，从生物圈进入岩石圈，发生一系列的石化过程后形成的。这些植物化石显示的是过去植被的景观，我们从中可推断出植物和植物群落的演化历史。

在较早期的环境中，可能生活着一些细菌和原生真核动物，但它们从未达到像植物那样的自然地位。直到陆地上至少已经有了一些植物后，动物可能才试图登上陆地。在远古时代的陆地上，植物是动物赖以生存的食物和栖所，如果没有植物，动物的永久生存环境就不可能建立。

志留纪地层中具有最早的陆生植物化石记录。陆生植物的出现是志留纪生物更新的一个重要标志。由于剧烈的造山运动，地球表面出现了较大的变化，海洋面积减小、陆地面积扩大。作为陆生高等植物的先驱，低等维管束植物开始出现并逐渐占领陆地，其中，裸蕨类和石松类是目前已知最早的陆生植物。

志留纪时，空气中游离氧的浓度大约为现在的10%，一些游离氧在远古雷暴放电时变成了臭氧，臭氧层的形成减弱了太阳紫外线对陆生生物组织的破坏。那些原来在潮间带广泛生活着的藻类，特别是某些绿藻类，可能进化成最早的陆生植物，以类似叶状体的形态生活在沼泽中。

在植物界，除了海生藻类仍然繁盛外，从藻类演化而来的半陆生的原始裸蕨植物开始出现。志留纪后期出现了大面积海退，半陆生的裸蕨类植物进一步繁育。晚志留世末，植物终于从水中开始向陆地发展，这是生物演化史上的重要里程碑。

植物登上陆地

裸蕨的出现，是志留纪某一阶段有冰川存在的一个证明。当时，气候变凉，海平面下降，地壳抬升，陆地面积扩大，有些浅海转变成沼泽。

在中志留世的地层中，发现了早期的陆生植物化石。植物的繁衍发展对陆地生态产生了重要影响。中志留世文洛克期（Wenlock epoch），陆生维管植物出现，其代表是矮小的莱尼蕨植物或拟莱尼蕨植物和石松植物。

裸蕨类属于维管植物。为了适应陆地生活、摆脱对水的依赖，它们需要发展自己的支持和输导系统，即维管系统。它们表皮细胞分泌出的多糖类和类脂与空气中的氧气结合形成的角质膜，也起到了保护植物组织、控制体内水分的作用。这些都为它们的陆生生活创造了条件。随后，维管植物进入了它的繁盛期，石松类、楔叶类、真蕨类和种子植物相继出现。

陆生植物出现是生命演化史上的重大事件之一，它们是此后两栖类、爬行类和哺乳类动物盛衰更替的基础和必不可少的支撑。

与苔藓类植物相比，蕨类植物更像开花植物，因为它们有真正的根、茎和叶子，植物体内也有输送管道，可以把从泥土中吸收的水分从根部输送到每一片叶子那里。蕨类植物没有花，是真正的无花植物，它们是通过孢子而不是种子传播和繁殖后代的。

世界上的蕨类植物有 12 000 多种，它们构成了最大的无花植物群。最小的蕨类植物也就几厘米高，而最高的树蕨则高达 25 米。

大多数蕨类植物都在地上安家，一辈子扎根泥土，或匆忙、或懒散地度日；而少数蕨类植物以树干为载体，终生攀缘在树上；还有极少数蕨类植物习惯于漂浮在池塘的水面上。

蕨类植物具有根、茎、叶等营养器官的分化，以孢子进行繁殖。重要的是，蕨类植物的茎里面进化出了维管组织，它们比藻类植物高一级、比种子植物低一级。以前我们也把蕨类植物叫作羊齿植物。

根的出现使植物体得以稳定，并深入到土壤下层吸收更多的水分和矿物质；茎可以使植物直立起来，其内部的维管结构就是一个输导系统，可以输送营养物质到植物体的每一个部分；叶的出现和增大有利于光合作用和储存能量。总之，蕨类植物根、茎、叶的出现在植物进化史上是一个重要里程碑。

尽管蕨类植物进化出了许多植物所需的重要器官，它们依然不是完全的陆生植物。蕨类植物和苔藓植物一样具有明显的世代交替现象。

蕨类植物的生殖方式包括无性繁殖和有性生殖。无性繁殖就是直接产生孢子。当进行有性生殖时，它的生殖器官是精子器和颈卵器。不过蕨类植物的孢子体有了根、茎、叶的分化，其中还有维管组织，远比配子体发达。这就是蕨类植物不同于苔藓植物的明显特征。

另外，蕨类植物能产生相对高等的孢子，却没有种子，且蕨类植物的孢子体和配子体都能独立生活，从这个角度看，蕨类植物与种子植物又有明显的不同。

地球上的蕨类植物多数是草本植物，喜欢阴湿温暖的环境。除了海洋和沙漠外，其余环境几乎均有蕨类植物的分布。蕨类植物的叶子非常美丽，比较常见的巢蕨、卷柏、桫椤、槲蕨等都是非常好的观赏植物。

蕨类植物基本上都是草本植物，但也有外形跟树差不多的蕨类植物，我们把这类蕨类植物叫作树蕨，桫椤就是其中之一。桫椤一般生长在湿度比较大、温度比较高的林下和阴地，特别是在热带和亚热带地区。

在生物演化史上，植物成功登上陆地和有颌类的发展壮大是发生在志留纪最重要的事情。

四、泥盆纪：鱼类繁盛

泥盆纪（Devonian）是晚古生代的第一个纪，距离现在大约4.19亿～3.58亿年。这个名称是英国地质学家莫奇逊和塞奇威克取的。1839年，他们在研究英国德文郡地质时，发现这里的地层介于志留系（Silurian system）和石炭系（Carboniferous system）之间，于是就以当地的郡名作为这套地层形成时代的名称。这一纪包括早泥盆世、中泥盆世和晚泥盆世三个时期。

这一时期，蕨类植物繁盛，昆虫和两栖类兴起。脊椎动物进入了飞跃发展时期，鱼形动物数量和种类增多，现代鱼类开始发展。因此我们也常把泥盆纪叫作"鱼类时代"。昆虫类化石最早也发现于泥盆纪。

1. 拓展生存空间

生命登上陆地是古代世界最壮观的一幕，这是一个里程碑式的侵入。这些最早爬上陆地的生命需要战胜常常缺水及温度变化悬殊等环境的威胁，需要克服由于水体和空气的浮力不同而造成的不适应，这些初离水域的生命拖着沉重的躯体在潮湿温暖的陆地上吭哧吭哧地扩展着自己的地盘和势力范围，把对时间的记忆刻印在了大地深处。

这可能是由于对食物的竞争日趋尖锐或者说就是自然选择的结果。大海的潮涨潮落使生命的足迹向远离海水浸泡的地方扩展，这给它们改变自己的习性、扩散自己的种类到新环境中提供了条件，最终某些生命的变种在陆地上定居下来。

那些细沙绵绵的浅海滩、那些沼泽和湖泊纵横交错的缓冲地带、那些海水刚刚退去而气候氤氲的低浅洼地、还有那些面向着太阳、温暖湿润的河沟边，都是它们游牧的乐园。

最先完成这种迁徙的生命形式是植物，迁徙过程从志留纪一直持续到泥盆纪末。

藻类尽管简单，但它们完全适应了水生环境，到泥盆纪，藻类已经达到鼎盛。是什么原因导致它们离开温和的居所而去面对陆地的严酷环境呢？最有可能的解释是，某一特定的水体与海洋相隔离，然后慢慢干枯，这导致那些成功适应干旱气候的生命存活了下来。

适应程度随着海岸沼泽的逐渐减少而变化：适应程度较低的生命在离水较近的地方继续生存，适应比较成功的生命则可在远离水的地方存活。首先，植物间歇地由潮汐与海浪来提供水分和无机盐，这就克服了第一个难关，在受水滋润的间歇期能够避免脱水。拥有不透性蜡质外皮的植物获得了选择优势，但这个优势因对营养物质的需要而降低。

化石记录表明，泥盆纪时，远至北极地区都处于温带气候带。泥盆纪的生物以陆生植物的扩展为特征，植物从株小无叶的种到长到高达 12 米的树状蕨类。

早泥盆世，裸蕨植物较为繁盛，有少量的石松类植物，多为形态简单、个体不大的类型。中泥盆世，裸蕨植物仍占优势，但原始的石松植物更发达，出现了原始的楔叶植物和最原始的真蕨植物。至晚泥盆世，裸蕨植物濒于灭亡，石松植物继续繁盛，节蕨类、原始楔叶植物获得发展，新的真蕨类和种子蕨类开始出现。

这个时期，陆生裸蕨植物在陆地上站稳了脚跟，它们的三支后代石松类、楔叶类和真蕨类开始扩展，到泥盆纪末，出现了许多这类植物构成的成片森林，大地真正地披上了绿装。植物的成功登陆，使荒芜的大陆变成绿洲，这标志着植物的发展在泥盆纪进入到了一个新阶段。

生长在潮湿沼泽环境中的各种古代蕨类植物及形状特异的古羊齿等大型树木开创了地球生态空前繁荣的局面。在陆生蕨类植物继续繁殖的同时，原始的裸子植物也开始出现。那时候已经到了泥盆纪中晚期，但直到二叠纪晚期，它们才成为陆地植物的主角。

2. 色彩斑斓

更加复杂的植物不断地进化出来，到了 3.5 亿年前，陆地上已经布满了森林。高大茂盛的植物一旦在陆地上安家落户，就为各种动物的生存和演化提供了一个可以选择的空间。在之后的几百万年时间内，像节肢动物、软体动物、蠕虫等已出现在原始的丛林和沼泽间。所有这些最早的陆生动物身体都比较小，因为它们没有内骨骼的支撑，在这种情况下，较重的动物会在重力的作用下塌陷，它们只能在小心翼翼的适应中、在一代代的遗传变异和进化中适应新的环境。

泥盆纪早期的海洋动物中以珊瑚和腕足类居多,如海绵、棘皮动物等。有一种腕足动物比较特别,其外形犹如展翼的燕子,古代称为石燕(Spirifer),并一直沿用至今。

关于这一点,沈括在他的《梦溪笔谈》中有精彩的记录。在《梦溪笔谈》的第430条,沈括写道:"太行山一带过去是海滨,这些形如石燕的螺蚌壳是古代海洋生物的遗体变成的化石,这些圆如鸟卵的石子是过去海滨的沉积物。"沈括又说:"所谓大陆,都是由泥沙堆积而成的。相传尧杀死鲧的羽山是在东海中,而现在的羽山已经到平原上了。"虽然沈括记录的时间不可靠,但其分析方法和观点相当有道理。

在泥盆纪大约5000万年的时期内,鱼类开始在海洋中兴起并取得优势地位,这种优势一直保持到现在。在这个时期的3/4或更长的时间内,生命几乎局限于水域中,大部分陆地非常寂静。到了泥盆纪末,生命才开始在干燥的陆地上大量出现。

现代的蜘蛛和蝎子都是陆生的,但它们的祖先却是生活在水中的水蝎。这种动物在登上陆地时,肯定经过了艰难的过程并逐渐产生了适应环境的较强能力。在陆生植物出现后不久,以植物为食的古蝎类也成功摆脱了海洋环境,登上陆地,成为第一批陆生节肢动物,并由古蝎类进化为现在的蜘蛛和蝎子。

在早期的陆生动物中,昆虫(insects)大概是最为活跃的一种,它们的身体上往往生有羽翼,可以克服自身的重力作用而相对自由地穿行在陆地上。它们借助于透明的翅膀飞行,甚至能飞到30多米高的古羊齿目上啜饮那里甘甜的露珠。

泥盆纪时,海生无脊椎动物的构成发生了重大变化。古生代早期极为繁盛的三叶虫只剩下少数代表,奥陶纪和志留纪非常繁盛的笔石仅剩下少量的单笔石和树笔石类,菊石(Ammonites)正逐渐取代鹦鹉螺类成为软体动物中的主要类群。腕足类动物和珊瑚动物进一步发展,但种类与奥陶纪和志留纪有所不同,这一时期的腕足动物主要以石燕类为主,而珊瑚则以床板珊瑚和四射珊瑚为主。

珊瑚(Coral)是一种固着生长在热带海洋里的腔肠动物,有四射珊瑚、横板珊瑚、六射珊瑚和八射珊瑚四大类。前两类现今只能看到它们的化石，从研究化石的年代可知，它们仅出现在古生代的地层里；六射珊瑚从三叠纪开始出现，到今天仍生活在海洋中；八射珊瑚的化石曾在新元古代末期的地层中发现，此后几乎绝迹，但是，自新生代起至今又重新繁盛了起来。

珊瑚化石（Coral fossil）具有重要的古生物学和古地理学价值。珊瑚对环境适应能力较差，喜欢群居，它们大致分布在赤道两侧 20° 纬度范围内，它们最理想的生存环境是水深 10 米左右，盐度 3.4%～3.7%，水温 25℃～30℃的水体中，那里的各种礁体就是它们留在地球上的最好纪念。因此，从这些礁体分布和变化的一般规律，我们可以了解已逝的地质年代所发生的事情，可以了解从古到今纬度位置变化的大致情况，甚至可以从中了解地壳变动、大陆漂移的某些细节。

这种生物的外壁上有美丽的生长纹，几乎是每天增长一个纹圈。研究表明，现代珊瑚每年约长 360 圈，而从石炭纪的珊瑚化石上可看出每年有 385 圈，志留纪的珊瑚化石上每年有 400 圈，这就可以证明地球的自转从古至今是逐渐变慢的。因此，通过研究珊瑚化石，就可以知道古代天文的一些变化，可以说，珊瑚化石起着一种类似于古生物钟的作用。

菊石是一种属于头足纲菊石亚纲的软体动物，这种形态像现代蜗牛的生物在海洋中过着浮游生活。它们有很强的浮游能力，以至于能在短时期内借助于海域持续不断的波浪分布到世界各地。

绝大多数菊石的壳体呈盘旋状，极少数特化为螺塔状。在它们的壳体内部，排列着由许多隔板分隔成充气的小室，最外面是最大的一室，菊石的软体就栖居在这一室中。各隔板中央有一中空的体管与软体相通。据说这种庞大的壳体并不增加动物的负重，反而有助于增加动物在水中的浮力。但菊石主要的行动器官是长在头部的众多触手。

研究发现：在菊石体内，隔板与外壳的壳壁接触处形成缝合线。这条缝合线弯曲程度的简单或复杂，除了能说明隔板的性质特点外，还能告诉我们菊石的进化过程。现在一般认为，简单的缝合线属于早期或原始的类型，复杂的缝合线属于晚期或高等的类型。据此将菊石进行分类，以此作为引导，较好地弄清了地层时代的先后关系。所以，菊石对海相岩层特别是中生界（Mesozoic erathem）海相岩层时代的界定有重要意义。

3. 孤独的背影

经历了加里东运动（caledonian movement）后，到泥盆纪，全球的陆地面积进一步扩大，地势起伏更加复杂，气候类型也更加多样化。我们如果研究一下远古时代的生物演化过程，就会发现这样一个事实，即无论动物还是植物，都是从原始的海洋中一些结构简单的、对称性也许不是太好的原始生物，或者是一些没有像样形状的生命经过漫长时间的演变而来的。我们通常所说的生物学中的"万物同源"指的就是这种情况。

迄今为止，还没有听说哪一种生物是突然出现的，今后大概也不会听到。总体来说，生物的形成和演化是一个渐进且环环相扣的过程。

生命的历史肯定是经过了久远得无法想象的漫长岁月，在宇宙轰轰烈烈的大背景中淹没了下去。潮水一遍又一遍地拍打着寂寞的海岸，不断地发出"沙……沙沙，哗……哗哗"的声音，孤独的岩石守望着遥远的蓝天，迎来送往着悠悠的岁月。

太阳升起又落下，花开花落、月缺月圆，生命繁荣了又消逝、又开始了新的繁荣。宇宙的时钟不紧不慢地转动着。

生命从最初的静止状态到原始的蠕动，到自由和谐的漫游，到强健的躯体跃动在高纬度的荒原上；生命从最初的依附于自然到与自然的对抗，到感觉的复杂化，到自我意识的形成，到理智的出现。这是一个多么伟大的过程啊！

原始而简单的生命漫游在阳光明媚的浅水域，丰富的营养物质和广阔的空间为它们提供了更多的创生机会，在沙与光交替变幻的背景里不断孕育着新的生命。当它们成批地涌现于世，便随着潮水的涨落和波浪的起伏散布到了大洋深处，或散布到了远离大海的沼泽地和阴沟地的石缝间。

在波浪的深谷和巅峰之间，是一个梦幻般的动态展示，是一个让人真正动心但却不可能变成真实感觉的过程，是在遥远岁月的力场驱使下悠然晃动在凝固的小河中而不知今夕何夕的一瞬间的美丽。生命的童谣回响在瓷蓝色的天空，把自然的天籁之音留在了时光的流逝中。

那时，没有黄昏的牧歌荡过原野，也没有流浪者充满深情的咏叹。在海洋深处、在遥远的彼岸，周期性来去的潮汐和在热带低气旋陪伴下的白色波浪曾经存在过，曾经把创生和毁灭的欲望尽情地挥洒过。

一批又一批生物被波浪冲到了岸上，在那里，它们沐浴着远古时期年轻的太阳；或者，它们被带入幽暗的深水里，终日不见日月星辰的微光。在创生的大背景里混合着毁灭的悲歌。

这是一个自由开放的生存环境，也是一个冷酷封闭的生存环境。在相对干旱的陆地，植物根系的形成和渐趋发达是适应古代自然气候的结果，柔韧外皮和坚硬外壳的出现是生命适应环境变化的结果。

4. 鱼类的进化

古生代末，在一个相当漫长的时间内，古代水蝎曾是动物世界的至尊。在被称为志留纪的古生代岩石中，我们又发现了一种新型的、具有原始流线型的生物。它们一般具有良好的视力，能够在海洋中自由地运动。这种不知不觉地漫游在深海里的生物不仅是最早的脊椎动物，也是最原始的鱼类。

到了泥盆纪，鱼类走向全面繁荣，也成为脊椎动物中数量最多的一类。主要代表包括甲胄鱼类，盾皮鱼类、总鳍鱼类（Crossopterygii）和肺鱼等。我们在这一时期的岩石中看到了许多真实生动的记录，因此也把这个时代称为鱼类时代。

那些今天已经不复出现于地球上的远古鱼类，那些和现在的鲨鱼、鲟鱼等极其相似的各种鱼类都曾存在过，都曾经悠然地穿梭在古代的海洋里。它们或深潜于水底小憩，或浮游于水面沐浴着温暖的阳光，或在各种原始的海藻和绿色浮游生物间自由地觅食。

　　脊椎动物经历了一次全面的繁荣，这种繁荣可以说是爆发式的。淡水鱼和海生鱼类都相当多，这些鱼类包括原始无颌的甲胄鱼类、有颌的盾皮鱼类，以及鲨鱼类。新的类型有肺鱼类，一种既有腮也发育着肺作为辅助呼吸器官的原始类型，今天仍然能找到这类鱼的某些代表，它们构成了用鳃呼吸的鱼类和用肺呼吸空气的两栖动物间的一个重要环节。在漫长的进化过程中，它们的漂浮囊变成了原始的肺，其中的一些还能进化到成对的阔鳍状的鳍状肢，结果就是其生存空间和运动能力比原来大大增强了。到了泥盆纪晚期，无颌类如甲胄鱼类开始灭绝，地球上首次出现了原始的两栖类动物。

　　下面我们认识几种那个时代的鱼类。

　　甲胄鱼类是最早分化的古鱼形动物。它们全身披有"甲胄"。"甲胄"是一种富含钙质成分的骨质甲片，很有些像古代将士戴在头上的头盔和披在身上的金属护身衣。甲胄鱼类还没有演化出上下颌，没有骨质的中轴骨骼或脊柱，它们一般靠滤食海洋中的小型生物或微生物为生，有时候也吮食大型动物的尸体，主动捕食能力非常差。

　　盾皮鱼类是一种披盔戴甲的鱼类，属于古老的有颌脊椎动物。它们是古生代最为繁盛、种类最多的鱼类，其头部和身体的胸部均包在硬甲里，像古代士兵使用的盾牌，盾皮鱼的名称由此而来。其笨重的甲胄虽然起到自我保护作用，但也付出了灵活性降低的代价。泥盆纪时，这种鱼类一度成为海洋中的主宰，但终究是昙花一现，随着泥盆纪的结束，盾皮鱼类与它们的祖先甲胄鱼类一起退出了生命演化的舞台。

　　棘鱼类是一种古老的鱼类，它们长得像黄花鱼，个头不大，体长不超过30厘米。它们的鳍非常特殊，与其他鱼类的鳍都不同。它们所有鳍叶的前方都一根强壮的鳍刺，上面还有像雕刻出来的纵向花纹。沿身体的腹侧，在胸鳍和腹鳍之间，还有几对附加的小鳍，同样由鳍刺支撑。知道了它们的体貌特征，我们也就明白它们为什么叫"棘鱼"了。棘鱼类在4亿年前曾达到演化的顶峰，但始终没有真正发展起来，之后便逐渐衰落，到2.7亿年前的古生代末期全部灭绝。

　　软骨是软骨鱼类的主要特征，而且在演化过程中，软骨鱼类的身体始终是软骨性的。除了覆盖身体的细小鱼鳞外，它们的所有骨骼都由软骨组成，没有骨化的一点痕迹。所以，它们的化石很少被发现。

硬骨鱼类包括肉鳍鱼类和辐鳍鱼类，在地球的所有水域中，都留下了它们生活的脚印。可以说，在水中生活的动物中，它们是非常成功的一类。

辐鳍鱼类是古生代最为丰富多彩的鱼类。它们包括软骨硬鳞类、全骨鱼类和真骨鱼类三种。软骨硬鳞类是最早的硬骨鱼类。这种鱼的全身都覆盖着厚厚的珐琅质菱形鳞片，但体内的骨骼仍为软骨。在古生代晚期至中生代早期，它们占有一定优势。现存的硬鳞鱼类极为稀少，生活在中国长江的中华鲟就是硬鳞鱼类中的活化石，属于国家一级保护动物。

到中生代早期和中期，软骨硬鳞类就被全骨鱼类所代替，那时的大海里到处是它们活动的身影。到中生代晚期，由于真骨鱼类增多、生态环境多样，它们逐渐取代了全骨鱼类，成为海洋中的优势生物。

在4.1亿年前～3.8亿年前，地球上最高等的动物是在水中漫游的肉鳍鱼类，它们鳍的形态似肉质的柄状，肉鳍鱼类的名称由此而来。这种鱼有两个成对的鳍，鳍内的骨骼与高等脊椎动物的四肢骨骼相似，在以后漫长的时光里，这两对鳍就逐渐演化为四足动物的四肢。肉鳍鱼类包括总鳍鱼和肺鱼。

在泥盆纪时，肉鳍鱼类最为繁盛，以后逐渐衰落，现生的肉鳍鱼类只有3种肺鱼和1种极为罕见的总鳍鱼类——拉蒂迈鱼（又称矛尾鱼）。泥盆纪晚期，由鱼类进化而来的两栖类登上陆地，拉开了脊椎动物脱离水体并最终征服陆地的一幕。

总鳍鱼类是它们中最典型的一种。它们的游泳速度很快。这种原始的肉食性鱼类有着类似纺锤形的身体，偶鳍（胸鳍与腹鳍）具有肉质的叶和中轴骨，它们有一对细小的眼睛，牙齿尖锐锋利，从牙齿的横切面可看到清晰的条状构造。从头骨的结构中知道它们长有内鼻孔和外鼻孔。由此可推断这种鱼类的老祖先大概是靠肺和鳃呼吸的。

泥盆纪末，鱼类在其消化道中进化出了一种能够保存咽入的空气的小囊，这些小囊在某些情况下又慢慢进化成简单的肺。肺鱼就是这

鱼类时代

些早期鱼类的后裔，在它们的后代中，也许还有几种生活在今天的澳大利亚和非洲。肺鱼能够在一般鱼类很快窒息的水洼里生存，即使遇到夏季干旱，水洼干涸，它们也能活下来。还有一些肺鱼类能够在一段时间里完全脱离水而生活。

具有最强壮的鳍的总鳍类能够成功地适应海岸沙滩生活。因为在没有海水浮力的情况下，它们必须克服重力吸引把自己支撑起来。据说总鳍鱼的胸鳍骨骼内具有陆上脊椎动物的肱骨、桡骨和尺骨同源的骨骼。因此，有人认为总鳍鱼有可能是鱼类向两栖类演化的过渡型动物。这些原始的有肺总鳍类开始用四条粗短的脚支撑着笨拙且站立不稳的身体，开始出现在陆地上。

它们是古代世界生命进化最辉煌的实践者，它们是未来生存空间最成功的开拓者。正是因为它们最初的艰难选择，生命才有可能从原始的海洋扩展到遥远的大陆。回顾远古生命的历史，我们应该向它们投去深情的一瞥。

到了鱼类时代末期，浅海和礁湖得到扩张，生物陆陆续续地从水域扩散到了大陆腹地。毫无疑问，这些在不同的生存空间能继续生存并繁衍下去的生物种族，是经过了几千万年有益进化的结果。一旦它们开辟出一个全新的活动领域，便意味着一个新时代的到来。那时，在动物界，爬行类将会一统地球的生态。

5. 晚泥盆世生命大灭绝

从距今约 3.93 亿年前的晚泥盆世到早石炭世，发生了第二次生命大灭绝，即晚泥盆世生命大灭绝。这一次大灭绝呈现出两个高峰，中间间隔约 100 万年，是地球历史上第四大物种灭绝事件，当时的海洋生物遭到重创，82% 的海洋物种灭绝。

灭绝的科约占总科数目的 30%，灭绝具有一定的选择性。晚泥盆世生命灭绝事件的特点是持续的时间长、波及的范围宽、受影响的门类多。当时，灭绝的海生动物达 70 多科，其灭绝情况比陆生生物严重得多。浅海的珊瑚几乎全部灭绝，赤道浅水水域的珊瑚礁则全部灭绝，深海珊瑚部分灭绝，层孔虫几乎全部消失，竹节石全部灭绝，浮游植物的灭绝率也超过 90%。

灭绝的腕足动物中有三大类，无颌鱼及所有的盾皮鱼类受到严重影响。陆生植物以及淡水物种和原始爬行动物也受到影响。

在这次生命大灭绝事件中，受影响最大的是那些生活在暖水域中的物种。这给很多古生物学家一个启发，他们认为造成这次大灭绝事件的原因，很可能与奥陶纪末期的全球变冷性质类似。

根据这一假说，古生物学家认为，晚泥盆世的生命大灭绝事件是由冈瓦纳大陆的一次冰川作用引发的，这在今巴西北部这一时期的沉积物中找到了相应的证据。同时研究认为，最有可能的诱因是这期间发生了彗星撞击地球事件。

五、石炭纪：森林茂密

继泥盆纪而来的是石炭纪（Carboniferous），石炭纪距今约 3.58 亿～2.98 亿年，延续了约 6000 万年。石炭纪是古生代的第 5 个纪，石炭纪包含两个时期：早石炭世（又叫密西西比纪）和晚石炭世（又叫宾夕法尼亚纪）。

石炭纪时，陆地面积不断增加，陆生生物空前发展。当时气候温暖、湿润，沼泽遍布。大陆上分布有广大的沼泽森林，这些森林周期性地生长着。3 亿年前的这些森林，也许代表了地球历史上最繁盛的植物。它们一代又一代地繁荣了又消逝，类似腐殖质的植物遗体也一层层地堆积着。后来由于地壳运动等原因，它们被埋在地下，变成化石，产生了大量富含碳的沉积物，被称为煤，即今天地球上广泛分布的煤炭等化石燃料。

英国地质学家科尼比尔（W.D.Conybeare，1787—1857）和菲利普斯（J.Philips）在 1822 年发现这个时期的地层里埋藏着丰富的煤炭，因此用石炭纪命名了这个地质年代。

石炭纪也被称为"巨虫时代"，石炭纪时大气中的氧气含量很大，因此虫子特别大。当时有一种巨型蜻蜓，其翼展接近一米。

1. 绿荫覆地

石炭纪是陆生植被大繁盛的代表时期。早石炭世（密西西比纪）的植物面貌与晚泥盆世相似，古蕨类植物只能适应滨海低地的环境。晚石炭世（宾夕法尼亚纪），陆生植被进一步发展，除了节蕨类和石松类外，真蕨类和种子蕨类也开始迅速发展。裸子植物中的科达树是一种高大的乔木，它们是天然的成煤植物。

石炭纪的气候温暖湿润，有利于植物的生长。随着陆地面积的扩大，陆生植物从滨海地带向大陆内部延伸，并得到空前发展，形成大规模的森林和沼泽，给煤炭的形成提供了有利条件。所以，石炭纪成为地质历史时期最重要的成煤期之一。

石炭纪期间，地壳运动频繁，许多地区褶皱上升形成山系和陆地，地形高低起伏，这导致地球上产生了明显的气候分异。按照地理环境的不同，科学家们根据石炭纪的植物分布特点划分出各具特色的植物地理区，每一个植物地理区都有自己的特色植物群和一定的生态特征。

在石炭纪的森林中，既有高大的乔木，也有茂密的灌木。木贼的茎长达 30～60 厘米，它们喜爱潮湿，广泛分布在河流沿岸和湖泊沼泽地带。石松是一类乔木，它们挺拔雄伟，成片分布，最高的石松可达 40 米。

这时期，早期的裸子植物（如苏铁、松柏、银杏等）非常引人注目，但蕨类植物的数量最为丰富。蕨类植物是灌木林中的旺族，它们虽然低矮，但大量占据了森林的下层空间，那里是它们生活的天堂，它们的好日子可以用"蒸蒸日上"一词形容。

石炭纪的植物几乎没有新的形态发展，但它们开始充分利用陆地生境，很多植物发育了自己片化的叶子，生殖结构也变得更加复杂。

松柏类植物、苏铁类植物或它们的祖先最早出现于石炭纪，那时，它们的种群和数量都很小。早石炭世，中、高纬度的植被比较贫乏，而且以石松植物和前裸子植物为主。在欧洲和北美洲的低纬度地区，栖息着更加多样化的植被，除了存在分异度较大的石松植物和前裸子植物外，还有种子蕨植物、前真蕨植物、真蕨植物及木贼植物，在这些植物中，大部分代表了边缘、低地的生境，例如湖畔和河流三角洲地区。当然，也有一些生长在火山地带的植被。

植物要在陆地上生存必须具备两个基本条件：①当周围的水退下去时，要有坚固可靠的支撑物使植物可以把叶状体举向阳光，这是为了更有效地进行光合作用；②当缺水的时候，植物就要从沼泽中吸收水分到自身的纤维上来。只有发达的木质纤维可以同时解决这两个问题。

这个时期的岩石记录中突然出现了多种多样的沼泽植物。它们中的大多数高大挺拔、枝繁叶茂，给那时的地球表面带来片片葱绿，间或点缀着荒寒的高山、衬托着朵朵白云陪伴下的深蓝色天空，和澄澈的海水互为映衬，意趣自然无穷。当时，那些木本沼泽相当兴旺。

在石炭纪植物界的繁盛时期，地球上的生物吸收了前生命时期积累的二氧化碳，将其编织进生物圈的有机结构中，部分储存在地下储藏物中。今天，人类将这些储藏物作为燃料，碳又以二氧化碳的形式重新回到大气中。另外，还有大量前生命时期的二氧化碳被生物以碳酸钙的形式固定下来，它们广泛存在于海洋生物的外壳及其他结构中。

石炭纪的植物界空前繁盛，羊齿植物、石松、芦木、种子蕨、科达、楔叶、鳞木等都是这个时期最有代表性的植物。

树干粗壮、树冠枝繁叶茂的科达（Cordaites）是这个时期的多年生乔木，它们高达 30 ～ 40 米，直径为 1 米左右。科达的生殖器官是科达穗，它是一种狭长而松散的"花序"状结构。两侧各有一列苞片，苞片腋内有生殖短枝，排成两列。生殖短枝基端长有螺旋状的不育营养鳞片，顶端着生孢子叶，雌雄同株或异株。这种次生木质部很发达的裸子植物一般生存在早石炭世和晚二叠世。科达树广布于整个地球，它们是古生代主要的造煤植物。

苏铁（拉丁学名：*Cycas revoluta* Thunb）最初出现于石炭纪，它们是从种子蕨进化而来的，它们的种子生在叶上。从形成结构和生理机能看，它们仍然属于原始的裸子植物。中生代时期，苏铁类植物特别繁盛，因此有人也把中生代称为苏铁植物时代。中生代结束后，苏铁类植物就逐渐减少，今天，在热带、亚热带地区还有分布。

苏铁类植物的化石显示出许多细枝，这是为了适应晚侏罗世和白垩纪的干燥环境，这种结构有利于尽可能多地保存水分，不至于因干枯而遭灭顶之灾。经过干旱环境的磨难，那些得以存活下来的种类就逐步演化出现代苏铁类植物的植株形态。

苏铁类植物也是煤层中的常见植物，当时的苏铁类植物应该很繁盛，是主要的造煤植物之一。苏铁雌雄异株，喜欢温暖湿润的环境，不耐寒冷，但在北方寒冷的气候下不轻易开花，所以，北方人常用"铁树开花"来形容很不容易做到的事情。

一般认为，苏铁类植物是髓木植物的后裔，一些产自晚石炭世的化石确证了这个观点，化石显示了这两个类群的过渡特征。

中生代是苏铁类植物达到鼎盛的时期，尤其是从晚三叠世到早白垩世。当然，并不是所有发现于这个时期地层中类似于苏铁类植物的叶状碎片都是真正的苏铁植物。

苏铁类植物化石普遍发现于古近纪地层。中生代的全盛期之后，苏铁类植物经历了一次历史性的衰退，从此一蹶不振。衰退的原因很可能是因为它们与适应能力更强的被子植物和松柏类植物之间的竞争，它们是竞争的失败者。

大多数苏铁类植物生长非常缓慢，需要很长时间才能达到成熟期。这种生长策略在有些生境中是有利的，但不利于与快速生长和早熟的植物（如被子植物）竞争生存空间。

楔叶（*Sphenophyllum*）是一种精致秀美的小树，它们的花穗和叶片非常美丽。它们的茎细弱而长，直径一般只有5毫米左右。楔叶分枝很多，茎和枝都明显分节，节间有纵棱条，均与邻节的棱条相通。楔叶的中柱为原生中柱，初生木质部的横切面呈三边凹陷的三角形，次生木质部比较发达，有明显的木质射线。这种美丽的小树最初出现于晚泥盆世，在晚石炭世和早二叠世达到极盛，三叠纪以后基本就灭绝了。

属于石松纲的蕨类植物鳞木（*Lepidodendron*）则是高达40～50米的大树，茎干像长颈鹿的脖子，树冠如凤尾。鳞木的茎干虽然很粗，但中柱却很细，为原生中柱或管状中柱，木质部的发育为外始式，形成层分别向内、外产生次生木质部和韧皮部，整个中柱的直径只有几厘米，其余大部分为皮层。也许正是这种中柱和皮层比例的不合理，才导致了鳞木在二叠纪晚期的灭绝。它们一般生长在石炭纪和二叠纪早期的热带沼泽中，是晚古生代主要成煤植物之一。

芦木（*Calamites*）是一种高达30米的古代蕨类植物。它们的茎和枝都分节，有点像今天的竹子，但其枝叶却极茂密。这种大型乔木一般生长在潮湿的沼泽环境中，古生代时繁盛，也是主要的成煤植物之一。当古生代结束时，它们也随之几乎销声匿迹。今天，我们所熟知的木贼（*Equisetum*）是芦木科植物唯一活着的后裔。

晚石炭世，大陆植被发生了显著变化，这和石炭纪—二叠纪开始的冰期有关。当时，南半球的大部分陆地覆盖着巨厚的冰层，几乎没有植被。北方高纬度主要是深海，但也有研究表明当时形成了海洋冰盖。北方中纬度的植物群比较贫乏，占有优势的植物主要是木贼植物和原始的种子蕨植物。

在低纬度地区，情况就大不相同，那里出现了最早的热带雨林，它们就是今天欧洲、北美洲和亚洲的煤系森林，这些森林在经历了一代又一代的盛衰之后，积累了大量成煤泥炭。

在这些森林中，高大的石松植物占有优势地位，它们极好地适应了湿地生境，将生命的根系扩散到大部分热带地区。在地势较高的干旱地区，还生活着多样化的真蕨植物、木贼植物、种子蕨植物和科达植物。在湿地森林周围，松柏类占有优势地位。尽管其残骸只是偶尔保存下来，我们仍然能够根据化石记录知道其大概分布，它们当时很可能已巩固了自己的地盘。

2. 动物演化

石炭纪期间，陆生生物的面貌日新月异。与泥盆纪相比，石炭纪的海生无脊椎动物也发生了显著变化。

石炭纪的海生动物除了珊瑚、腕足类、鲛类、软体动物外，还出现了一种独特的单细胞原生动物——蜓（Fusulinids）。蜓又叫纺锤虫，这种由钙质和硅质构成的壳体像麦粒的原生动物有孔虫主要生活在海底，初次出现于石炭纪中期，到二叠纪即要结束时就基本灭绝了。据说当年地质学家李四光（1889—1971）先生对这种动物进行过仔细研究，"蜓"这个名称就是他创立的，意思就是"纺锤状的虫"。

蜓类是石炭纪海生无脊椎动物中最重要的类群，而腕足动物尽管在类群上不多，但数量可观，依旧占据着相当重要的位置，头足类中的菊石也迅速发展。浅海底栖动物仍以珊瑚、腕足类为主。三叶虫已经大部分灭绝，只剩下少数几个属种。

现今仍悠然浪荡于世的蟑螂也在这个时期出现了。这种比恐龙出现还早的小动物经过亿万年的生存，不但仍保持着原来的形态，而且繁殖力依旧很强，说明它们具有高度适应环境的能力。

最早发现于泥盆纪的昆虫类，在石炭纪开始兴旺发达，仅仅确认的石炭纪和二叠纪的昆虫就达1300种以上。陆生脊椎动物进一步繁盛，占统治地位的是两栖动物。早石炭世一开始，两栖动物蓬勃发展，主要出现了坚头类（也称迷齿类），同时繁盛的还有壳椎类。

石炭纪晚期，脊椎动物演化史出现了一次飞跃，由于摆脱了对水的依赖，它们已能适应更加广阔的生态领域，北美宾夕法尼亚早期地层中的林蜥是一个突出的例子。生活在大陆上的昆虫，如蟑螂类和蜻蜓类，是石炭纪突然崛起的一类陆生动物，它们的出现与当时茂盛的森林密切相关，有些原始昆虫非常大，例如，曾有过羽翅展开达近1米的大蜻蜓。

木质苔藓、木质凤尾、木贼等装点着这个时期的植物界。不久之后，一些动物又从水中爬了出来，试图在陆地上安家落户。像蜈蚣、马陆、原始的蟹、陆蝎和其他昆虫等先后游荡在了陆地上。

当时已经是两栖动物时代，自此之后，总鳍类在陆地上度过了它们的整个成年期。鱼类和两栖类动物迅速繁衍，后者逐渐成为当时动物界的主宰，到了石炭纪晚期还出现了爬行类动物。

石炭纪所有呼吸空气的脊椎动物都属于两栖类。它们很像今天的蝾螈，不过其中的一些十分巨大。它们必须栖居在沼泽里，或者爬行在附近温暖湿润的陆地上。这个时期大多数植物，特别是羊齿植物的生活习性也属于两栖类，它们还不能孕育出只接受阳光的沐浴和雨露的滋润就会发芽的果实和种子，因此，它们必须把孢子脱落到水中发芽。

众所周知，不论是动物还是植物，在生命最初孕育形成的时候，都离不开水的环境，这在一定程度上暗示了地球历史上生物进化的方向和过程。比如说包括人类在内的比鱼类更高级的生命，在新生命出世以前，都无忧无虑地生活在一个黑暗且温暖的水体内。

两栖动物的英文名称为"amphibian"，意为"过两种生活的动物"。大多数两栖动物的幼体生活在水中，像鱼一样有尾巴，并用鳃呼吸，而它们的成体在陆地上生活，用肺呼吸，尾部消失。生物学上把这个发育过程叫"变态"。"变态"是这类动物的一个重要特点。

登陆初期，两栖类是当时陆地上最进步的动物。在距今约 3.45 亿年前～2.25 亿年前，两栖动物开始发展和繁盛，之后，随着爬行动物的兴起，两栖动物开始衰落，只有少数种类残存到现在。目前，大约有 4000 多种两栖动物，在 50 000 种现生脊椎动物中，它们属于种类最少的类群之一。

两栖动物虽然完成了由水到陆的第一次飞跃，但它们还不能完全脱离水，还必须在水中产卵并度过整个幼年时期。因此，还不能说它们就真正征服了陆地，在从鱼类到爬行类动物演化的过程中，它们总是处在一个具有缓冲性质的地带。

不过，它们生命的韧性远比我们想象的要好。不是亲眼所见，很难相信青蛙（一种两栖类）忍耐环境的能力。笔者的家乡地处一个干旱少雨的荒漠地区。有一年，将近 10 个月没下过一场雨，来年 6 月，一场大雨过后，没几天工夫，在一片洼地的水域中就出现了密密麻麻的蝌蚪。夜幕降临时分，偶尔还能听到富有乐感的蛙鸣。直到今天，笔者都不明白，在离开了水的漫长时期，这些两栖动物靠什么延续着自己的生命。

最早的两栖动物是由肉鳍鱼类中的某些种类演化而来的。鱼石螈（*Ichthyostega*）是目前发现最早的两栖动物。它们的一系列特点都与总鳍鱼类相似，如四肢骨骼和头骨的组成、牙齿的构造等。它们还有鳃盖骨的残余和"鱼尾"的鳍条等，尽管这些都代表着某些鱼类的特征，但它们确实是一种真正的四足动物。它们的肩带、腰带、肢骨都相当坚固，前后足都是5个趾头，能在陆地上活动。这些特征都是为适应环境而进行的缓慢进化。

鱼石螈化石是地球历史上最早出现的陆生脊椎动物化石。化石记录告诉我们，这种动物长有四个足和一条能左右摇摆的尾巴，属于典型的两栖类。它的形体和习性特征代表了从鱼类向两栖类进化的过渡性质，是早期地球上动物进化发生质变的重要化石。

鱼石螈大约兴盛于晚泥盆世，到了石炭纪仍然存在。它们常常在沼泽边低矮的树丛间留下活动的背影。这种在骨骼结构方面与总鳍鱼大致相似的家伙体长约1米，头骨高而窄，头部两侧有残留的鳃盖骨，在身体的后部覆盖有细小的鳞片，背部和尾部拖着一条相连的鳍。这些都是鱼类的特征。同时，它们又有能在陆地上爬行的粗壮四肢，有能够呼吸空气的肺，口腔内有牙齿，这些都是陆生动物的特征。

那个时候的鱼石螈已经可以脱离开水域而自由地生活在陆地上，自然环境的演变是它们进化的重要因素，鱼石螈在适应和锻炼过程中进化成了典型的两栖类。比如说当时的气候变得干燥，河流和湖泊经常干涸。能用肺呼吸，胸、腹、鳍骨骼的排列方式又能适应间歇爬行的需要。

3亿多年前，一类迷齿两栖动物为了更好地征服广袤的大陆，终于产下了"羊膜卵"，摇身一变成为爬行动物。这是生命演化史上的一个重要里程碑。它们可以称为两栖类中的"有志者"了。

到了中生代，已经是爬行动物的天下。天空中翱翔着翼展达16

米的翼龙，海洋中隐藏着重达 150 吨的蛇颈龙（*Plesiosaurus*），陆地上则生存着成群结队、大小悬殊的各类恐龙。

白垩纪末，恐龙家族的最后悲歌也从地球上消失了。但作为一个生命群体，爬行类活了下来，今天，我们的地球上仍然存在着一个千奇百怪且种类繁多的爬行动物大家族。

爬行动物形成的标志是羊膜卵的出现。羊膜卵的出现也是脊椎动物进化史上继"脊椎出现""颌的出现""从水到陆"之后的又一次重大飞跃。

羊膜是蛋中的一层薄膜，它包裹着胚胎，里面有液体（又叫羊水），像温室一样保护着小胚胎，使它不怕干燥，能在陆地上孵化出小动物。羊膜卵的出现，使爬行动物的发育过程完全摆脱了对水环境的依赖，从而确立了脊椎动物完全陆生的可能性。

最初的爬行动物出现在古生代的石炭纪，是从某种迷齿两栖类进化而来的。到中生代的三叠纪，它们开始繁盛起来，在此后长达 1.5 亿～1.6 亿年的时间里，它们是地球上最具优势的动物，那时的海洋、陆地和天空，到处都有它们活动的身影。正因为如此，中生代也被称为爬行动物的时代。

到了白垩纪，爬行动物开始衰落，6500 万年前，一场直到今天还不甚清楚的原因，使恐龙、翼龙全部灭绝，其他的爬行动物也跟着遭殃。新生代时，只有少数种类残存了下来。今天，地球上生活的爬行动物主要有龟鳖类、鳄类、有鳞类（包括蜥蜴和蛇）和新西兰的喙头类。

根据头骨的结构，爬行动物可分为三大类：无孔类（如龟鳖类）、双孔类（如已经灭绝的恐龙、翼龙、蛇颈龙以及现生的鳄类、有鳞类、喙头类等）和下孔类（似哺乳爬行动物）。哺乳动物就是从下孔类爬行动物进化而来的。

似哺乳爬行动物分为盘龙类和兽孔类两大类。顾名思义，似哺乳爬行动物仅仅长得像哺乳动物，实际上是爬行动物，属于下孔类爬行动物。具体来说，哺乳动物是从似哺乳爬行动物中的一支——兽孔类演化而来的。

盘龙类是早期类群，从石炭纪一直延续到早二叠世。盘龙类中的楔齿龙类是早二叠世陆地上的肉食统治者，从这类中产生了兽孔类。盘龙类中有的种类有着长长的背棘，如同船帆，科学家们推测这种"帆"是用以调节体温的，能够迅速吸收或放出热量。盘龙类化石大多发现于北美洲和欧洲。

兽孔类主要包括恐头兽类、二齿兽类及兽齿类。恐头兽类有肉食和植食两大类群，只生存于二叠纪，没有留下后代。二齿兽类是二叠纪、三叠纪最为繁盛的类群，以植食为主。典型的二齿兽仅在上颌有两个"犬齿"。二齿兽类包括二齿兽、水龙兽、肯氏兽等。兽齿类是肉食类群，包括兽头类、丽齿兽类和犬齿兽类，以犬齿兽类最为兴旺。三叠纪后期，哺乳类就从犬齿兽类中演化而来。

3. 阳光无限

那些形形色色的动植物在 6000 万年的漫长时间里悠然地自生自灭，它们沐浴着原始阳光，享受着石炭纪风清月朗的每一天，也在自然环境的巨大变迁中经受了锻炼，在存在还是消逝的必然选择中完成了缓慢的重组和优化。

生命的舞台恢弘而高远，阳光仍然灿烂，生物更加多样化。几乎所有的无脊椎动物各门类和部分脊椎动物如无颌类、鱼类、两栖类、爬行类等都在这个时期前后诞生和发展。我们应当感谢这些生命，没有它们，地球上就不会有那么多传世杰作的诞生和长存。

石炭纪末，大部分热带湿地森林消失了，只是在远东和欧洲的局部地区还生存着它们的群落。这可能是由于受华力西造山运动的影响，当时，它波及到欧洲和北美的大部分地区。这些地区变得越来越干旱。那些高度适应了湿地生境的植被难以继续适应越来越干旱的环境而最终走向灭绝，如石炭纪早期占优势地位的石松植物的消失就属于这种情况。更早以前，北美曾一度出现过成煤森林，但占优势的是树蕨植物而不是石松植物。早二叠世时，树蕨植物也不见了踪影。

六、二叠纪：盛衰之间

二叠纪（Permian）距今约 2.99 亿～ 2.52 亿年，共经历了约 4700万年。二叠纪是古生代的最后一纪，又处于一个新的历史阶段，即大变动时期的前夜，这是一个全球性地壳上升的时期。二叠纪也是重要的成煤期。

1. 二叠纪的植物

二叠纪的陆生植物面貌与石炭纪十分相似，高大的树木遍布沼泽暖湿地带。到了二叠纪末，原始的松柏类及裸子植物相继出现，并迅速取代了蕨类植物。

早二叠世，冰川消融。南、北两半球的高纬度地区又发育了丰富的植被，沉积了巨厚的泥炭，形成了一些世界性的煤矿，西伯利亚、哈萨克斯坦、南非、印度和澳大利亚的煤田就属于这种情况。南方高纬度的植被以广阔的舌羊齿森林为主，北方森林中，科达植物和卢弗洛林叶属（*Rufloria*）占有主导地位。

早二叠世与晚二叠世的植被面貌也基本相似，仍以节蕨、石松、真蕨、种子蕨类为主。陆地上的裸蕨植物开始衰退，真蕨和种子蕨非常繁茂。晚二叠世出现了银杏、苏铁、本内苏铁、松柏类等裸子植物。这标志着地球上第一批裸子植物的到来。

陆生植被在经历了石炭纪的迅猛发展后，又迎来了一个新的繁荣时期。一些最初出现于石炭纪的植物类群，此时尽绽迷人的芳姿。它们包括松柏类植物、苏铁类植物、舌羊齿植物和盾籽植物。继石松植物、木贼植物和树蕨植物后，种子植物成为占优势的乔木，它们是当时最常见的大型陆生植物。

一些树蕨植物延续下来，此后，它们再也未能恢复到晚石炭世那样的丰度。高大的石松植物生活在一些区域性的沼泽生境中，在亚洲热带地区，它们一直延续到二叠纪末，不过，这些植物也从未恢复到石炭纪所达到的丰度。

在欧洲和北美洲，始于晚石炭世的华力西造山运动使成煤沼泽森林迅速消失。在欧洲和北美洲东部，板块构造活动最为剧烈，地壳运动导致那里的气候更加干旱，结果，容易适应干旱环境的松柏类植物就取得了优势地位。二叠纪期间，大的内陆海（zechstein sea）边缘生活着比较多样化的植被，如木贼植物、盾籽植物、苏铁类植物和松柏类植物等。

在北美西部，也分布着比较多样化的植被，如大羽羊齿植物、盾籽植物和松柏类植物。实际上，它们是二叠纪典型的古赤道低地植被。板块构造运动阻止了这些植物向欧洲扩展，因为那里的气候变得更加干旱。在高纬度地区，由于极地冰盖的存在，二叠纪初的植被非常有限。

目前，虽然很多植物能够生活在大部分高纬度地区，但在极端气候条件下生存的植被类型仍然十分有限。二叠纪时，在南方纬度最高的地区（即今天的南极洲），森林几乎完全以舌羊齿植物为主，在纬度较低的地区（例如今天的印度、南非、南美地区和澳大利亚），陆生植被主要由木贼植物、盾籽植物、苏铁类植物和松柏类植物构成；在北方纬度较高的地区（即今天的西伯利亚东北部），占有优势的是科达植物，它们形成了那里一望无际的森林，在中纬度地区（如今天的中西伯利亚和西西伯利亚地区、蒙古和哈萨克斯坦），却生长着更加多样化的森林。

银杏是与科达树关系比较密切的植物。银杏最初出现于二叠纪早期，到三叠纪逐渐繁盛，侏罗纪时在北半球最为繁盛，属种繁多，到新生代仅剩几种。现存的一种银杏，俗称白果树，在中国以"活化石"的形式保存了下来。

2. 二叠纪的动物

二叠纪的海洋生物面貌与石炭纪基本相似，但一些动物作为一个门类已经走到了生命的尽头，有不少门类处于灭绝阶段，如三叶虫、蜓、四射珊瑚以及大量的腕足类动物都在这个地质时代即将结束的时候相继灭绝。

二叠纪是生物界的重要演化时期。海生无脊椎动物的主要门类仍然是蜓类、珊瑚、腕足类和菊石，但构成成分发生了重要变化。节肢动物中的三叶虫只剩下少数代表，腹足类和双壳类有了新的发展。二叠纪末，四射珊瑚、横板珊瑚、蜓类、三叶虫全都绝灭；腕足类急剧衰退，只有少数类别存活。

这个时期，昆虫广布在世界各地。在茂密的森林中能够见到众多的昆虫飞舞追逐。昆虫之间与人一样，也是通过语言进行交流，但那不是普通意义上的语言，而是气味或声音（一种化学语言）。昆虫不论出行多远也不会迷路，就是这种语言在起作用，而这种语言是其在爬行过程中沿途洒下的一种叫作追迹素的传信素，来给自己或同伴建立路标，引导觅食或回巢。铺设这种化学路标只需极其微量的传信素。

而脊椎动物则进化到了一个新阶段。在鱼类中，软骨鱼类和硬骨鱼类继续进化，软骨鱼类中出现了许多新类型，软骨硬鳞鱼类迅速发展。两栖类进一步繁盛。这个时期，陆地上的主要动物是两栖动物，但爬行动物开始发展。在爬行动物中，杯龙类走向繁荣昌盛，中龙类畅游在河流或湖泊中，盘龙类穿行在丛林之间。到了二叠纪中、晚期和三叠纪，兽孔类开始活跃在地球上，那是一种很像哺乳动物的爬行动物。

这个时期，鲨类和软骨硬鳞鱼类在海洋脊椎动物中取得了优势地位。脊椎动物中的两栖类和爬行类继续发展，而且爬行类首次超过了两栖类。

二叠纪的海洋造礁生物非常活跃。无数海藻，特别是一些绿藻和红藻在海水中滋生繁殖，像飞舞的飘带、盛开的鲜花，或者像彩霞的倒影，织成了一幅很漂亮的海底画卷。

珊瑚虫在藻类丛中安家落户，一代又一代地延续着自己的生命。二叠纪的珊瑚与今天不同，那时只有四射珊瑚和横板珊瑚两大类。大多数是群体聚集，一般为丛状、笙状和块状；也有单个的，多呈圆形、方形和多边形。它们像生根的树木一样固着在海底，由碳酸钙组成它们的骨骼，使其在海浪的冲击下仍能安然无恙。每个珊瑚虫都有前端，能伸出许多触手，不停地在海流中飘动，以摄取微生物或其他有机物质为食。当珊瑚虫死亡以后它们的骨骼就遗留下来，构成礁体的基础，成为"海底花园"的骨架。

当珊瑚礁的骨架搭好时，更多的藻类便到这里定居，它们也分泌出大量碳酸钙。还有不少带壳瓣的动物，如腕足类、双壳类和腹足类也都是礁体上的常客，它们死亡以后，贝壳就留在了礁体上。此外，还有苔藓虫与层孔虫，它们跟珊瑚虫的习性相同，也都是礁体建造的积极参与者。由此可见，珊瑚礁实际是生物礁，它是在众多的造礁生物的共同劳动、集体努力下形成的。

今天，珊瑚礁在全球海洋中所占面积虽不足 0.25%，却有超过四分之一的海洋鱼类靠珊瑚礁生活。人们把珊瑚礁誉为"海洋中的热带雨林"。它们是地球上最古老、最多姿多彩，同时也是最珍贵的生态系统之一。

珊瑚在长达 2.5 亿年的演化过程中保持了顽强的生命力，不论是狂风暴雨、火山爆发，还是海平面的升降都没能让珊瑚灭绝。但是，最近几十年来，人类对海洋资源的过度开发、环境污染、全球气候变暖，以及对海洋鱼类的滥捕，对珊瑚礁资源的掠夺性开采，使珊瑚礁出现了前所未有的生存危机。

3. 生命的殇歌：二叠纪生命大灭绝

自寒武纪开始，一直到二叠纪，将近 3 亿年的时光已经过去，只留下了模糊的记忆，让我们在如河水一般的流逝中追寻那些令人怜惜的生命，并对遥远的古代寄托着我们的无限深情。

经过 5000 万年极为成功的发展，壮观的石炭纪木本沼泽开始干涸，广大的森林慢慢消失。同时期消失的并不只是陆地植物，还有许多海洋生物也遭到灭绝，在地球生命的历史上，这是规模最大、也最为剧烈的一次灭绝，称为二叠纪生命大灭绝。在地球生命的历次灭绝中，二叠纪生命大灭绝也许是最惊心动魄的一次。即使是 1 亿多年后的白垩纪生命大灭绝也只消逝了大约 25% 的动物纲。

在这次灭绝事件中，有 95% 的海洋生物和 75% 的陆地脊椎动物灭绝。三叶虫、海蝎以及重要珊瑚类群全部消失。这次大灭绝使得统治海洋近 3 亿年的主要生物从此衰败并消失，而新生物种类和新的生态系统获得了彻底更新，这种更新直接促进了爬行类动物的进化。

科学界普遍认为，二叠纪末期的生命大灭绝是地球历史从古生代到中生代的重要转折点。以后的其他各次大灭绝所引起的海洋生物种类的下降幅度都远不及二叠纪末的那次。

对大灭绝缘何引起的深入研究是古生物学面临的一个重要课题。已有的观点堆积如山，但都是模糊不清的。原因多种多样，结果却只有一个，即二叠纪—三叠纪期间的绝大部分生命灭绝了。

所有能想到的原因都进入了我们的研究视野。如地壳运动造成的联合古陆的形成、全球范围内的造山运动、星际灾难、地球运动轨道的变化、大冰期的出现及大面积冰川的形成导致海洋面积和海平面高度的骤变等，它们都无一例外地会影响到古代地球的气候，使其发生巨大变化。

古生物学家认为，很可能是地球上的所有陆地漂移到一起而形成了一个单一的大陆（即联合古陆或泛大陆）。当时，海岸线急剧减少、海平面下降、大陆架缩小，生态系统受到了严重的破坏，很多物种的灭绝是因为失去了生存空间。泛大陆内部的大多数土地变成了广大陆地包围的沙漠，如同今天的戈壁沙漠。大面积干旱气候的出现导致了生命大灭绝。

联合古陆的形成使数以万计的生命销声匿迹，三叶虫仅仅是它们中一个典型的代表而已。到二叠纪末，大约有一半的海洋生物在几百万年的时间内灭绝了。在我们看来，几百万年几乎长得无法想象，但在地质历史上，几百万年却只是很短的一瞬间。

距今 3.5 亿～ 2.7 亿年前大规模的造山运动和石炭纪—二叠纪大冰期的出现改变了当时地球的气候状况，这次冰期影响了南半球的大多数地方。冰川的分布更加广泛，冰山长得更大，庞大的冰雪世界无时无刻不在闪射着冷冰冰的光泽。这导致二叠纪末期的海平面下降。这些巨大的白色冰盖将阳光反射到太空，这就进一步降低了全球气

二叠纪生命大灭绝

温，地球进入了历史上最严酷的冰河时代。

那时候大陆的南部广布着冰盖，冰川以大规模的结冰悬崖为岸，周期性地碎裂形成巨大的冰山，在向热带海洋移动时冷却了海水，这使得陆生和海生生物很难适应。

有人认为是大气成分的改变造成了二叠纪的生命灭绝。从化学的角度看，在浅层的大陆架暴露出来后，原先埋藏在海底的有机质被氧化，这个过程消耗了氧气、释放了二氧化碳。同时，位于海床的辽阔煤层区暴露在外面，也释放出大量二氧化碳到大气中。大气中氧的含量有可能减少，这对生活在陆地上的动物非常不利。后来，随着气温升高、海平面上升，又使许多陆地生物遭受灭顶之灾，海洋里也成了缺氧地带。地层中大量沉积的富含有机质的页岩是这场灾难的证明。

根据这一时期西伯利亚广泛沉积的洪积玄武岩和中国华南的火成碎屑岩，有人提出，当时广泛而频繁的火山活动引起了大气污染和气候变化。也有人提出，二叠纪末，洋流的突然改变导致滞留在大洋深处、富含二氧化碳和硫化氢的海水上升到洋面附近，汹涌澎湃的海浪将这些气体排入大气，引起全球气候变暖，同时，由于化学反应而消耗了大气中氧气的含量，结果使当时的生物群落受到了致命打击。

另外，化学演化造成海水盐分的变化、臭氧层的破坏导致大量紫外线的入侵、火山喷发、宇宙射线的大量辐射，甚至于大面积疾病的流行等，都有可能是造成大灭绝的罪魁祸首。

不过，也有人认为，可能是一次陨石、小行星或彗星撞击地球导致二叠纪末期的生物大灭绝。依据是白垩纪—古近纪界限处的铱元素异常。如果这种撞击达到一定程度，便会在全球产生一股毁灭性的冲击波，引起气候的改变和生物的死亡。

严酷的环境带来了气候的剧烈变化，这种变化对曾经无忧无虑地生活和生长在古生代的动植物来说是致命的。在几百万年的时间内，它们一批又一批地死去了，而一些能够较好地融入新环境中的种类开始兴起。

植物对此灾难性状况做出的反应是，由种子代替孢子作为扩散方式。或者更为可能的是，一些产生种子的物种已经存在，但是一直没有繁盛起来，正是由于这次灾难的发生使得这种特性变为有利的条件，在利用孢子繁殖的植物无法存活的地方亦能生存。

二叠纪末，全球植被发生了有史以来最显著的变化。当时，由于石松植物及生活在较高纬度的科达植物和舌羊齿植物的灭绝，热带沼泽森林也随之消失。这仅仅是二叠纪生命灭绝事件的一部分。陆生植物的这次集群灭绝事件意味着原始的古生代植物群落退出了历史舞台，代之而起的是呈现出一些新面貌的植物群，它们奠定了三叠纪以来陆生植物的基础。

这一时期，许多古生代海洋中十分繁荣的动物，如某些头足类、珊瑚、腕足类，甚至包括残存到二叠纪的三叶虫，此时都突然灭绝，再也没有进入到以后的三叠纪。

这次事件还造成了大量陆生植物的已知种灭绝。例如，在二叠纪发现的 19 个裸子植物科中，仅有 3 个科延续到了三叠纪。这是一次全球性的生命灭绝事件，给人的感觉好像是当时的地球上发生了一次突然的灾难事件，才使几乎所有的生命遭受灭顶之灾。

古生代的繁荣已成为难以再现的历史，昔日的沼泽地带笼罩着饥渴和荒凉，一批又一批生命或背井离乡，或守望着日渐衰落的家园。在地球生命的历史上，这是一个漫漫长夜，一些地方是严重的干旱，另一些地方却被严寒所笼罩。在曾经是生命故乡的沼泽地带，沉积着类似于砂岩之类的岩石，岩石记录中却没有多少生命的迹象。

也有少数动植物能够在干燥寒冷的条件下生存，它们在生活习性、生理特征及形体结构方面与昔日全盛期的沼泽动植物已有显著不同。在这样的演化背景和严酷的生存环境下，一批又一批曾跃动在大地上的生命无声无息地倒下了，剩下不多的生命为了适应这种环境，不断改变遗传性状的某些特征，它们在恶劣的条件下得到了最有价值的锻炼。

时光具有深刻的穿透力，透过朦胧的天空，我们看到了大地痛苦的扭动和生命迟钝的选择，我们看到了地质构造的变化伴随着生物新种的出现而来的瞬间辉煌。

一个可以感觉的世界、一个没有知觉的世界、一个不会深情吟咏和绝望祈求的世界被时间之河淹没了。在那里，在那个宇宙中永远苍茫的寂寞深巷，在那个渗透着我们诗意想象的血色高原上，有古代世界平庸生命的艰难选择，也有美丽阳光的色彩斑斓。自然的奇迹正是在永无止境的创生和消逝的大舞台上得以展示的。

一粒又一粒泥沙被一抹又一抹漂来的水波卷进海洋，水体中的生命在周期性的潮汐声中慢慢地扩散着。一些陆地重新沉入了海底，遥远的海洋中，一座孤岛正在升起。风霜雪雨正在远方缔造着一个理想的空间，永恒的阳光和低吟的河流在沉默的天空下遥遥祝福。在一些地方游荡着远古的洪水声音；在另一些地方，巨大的冰川却正在形成。

那是一个暗淡无光的艰难岁月，那时，生命已步入漫长的酷冬。灰暗的云层笼罩着沉寂的大地，一些物种在死亡的门槛进行着最后的挣扎，在存在还是消逝的必然选择中吃力地爬行着。低沉的天空中荡过一阵又一阵撕心裂肺的叫喊，它们绝望地爬行在几近干涸的大地上，固守着生命的最后舞台。一个个体死去了，又一个个体从它的伙伴尸体旁越过。

在一片灭绝和新生的歌声中，古生代就要结束。此时却有一种叫作菊石的软体动物呈现出少有的辉煌，它们大概是借助于厚硬的壳体履行着柔弱生命抵御环境巨变的使命，才达到了一度的极盛。正是它们曾经的存在才给我们留下了那个时代丰富的化石记录。

生命的歌声已经消逝，昨天的美梦也走到了尽头，凄艳的花儿在一片低沉的哀鸣声中纷纷凋萎。大地边缘徘徊着死亡的幽灵，那是一个宏阔天地与柔弱生命无法和谐共存的时刻。生命在一片祭声中慢慢地叠印在了岩石的缝隙中。

二叠纪的生命大灭绝使其他一切灭绝事件黯然失色。一场戏结束了，舞台的幕布正在慢慢地拉上。

第八章

中生代：夏之幽梦

　　新的一幕拉开时，已经到了中生代（Mesozoic）。中生代距今约 2.52 亿~约 6600 万年。从二叠纪—三叠纪灭绝事件开始，到白垩纪—古近纪灭绝事件为止，具体包括三叠纪、侏罗纪和白垩纪。

　　这个时代被称为恐龙时代，爬行动物（恐龙类、色龙类、翼龙类等）空前繁盛，也出现了哺乳类动物和鸟类。这一时代也被称为菊石时代，海生无脊椎动物菊石类非常繁盛。植物以蕨类和裸子植物为主，中生代末期，被子植物得到了很大发展，而裸子植物仍占有重要地位？

中生代的上界限是二叠纪—三叠纪灭绝事件，当时有 95% 的海洋生物和 70% 的陆生生物已灭绝，也是地质历史上最严重的生物大灭绝事件。中生代的下界限是白垩纪—古近纪灭绝事件，此次灭绝事件造成当时约 70% 的物种消失，包括所有的恐龙和菊石类。

一、三叠纪：繁荣初现

三叠纪（Triassic）是中生代的第一纪，距今 2.52 亿～ 2.01 亿年，前后持续了约 5000 万年的时间。

1. 三叠纪的植物景观

与二叠纪相比，三叠纪的植物面貌有明显不同。羊齿植物已经走过了辉煌，而松柏、苏铁、银杏等裸子植物以及真蕨类却迎来了阳光明媚的春天。植物界裸子植物的全面繁荣就出现在这个时期。

早在古生代，地球上已经有了裸子植物，到了中生代，裸子植物已经遍布地球，成为一个优势物种。简单地说，裸子植物就是具有裸露种子的植物，它们是比种子植物低一级的植物。它们的种子由胚珠发育而成，胚珠裸露在外，故称裸子植物。裸子植物的出现表明植物的进化又迈进了一大步。与蕨类植物相比，裸子植物有三个不同的显著特征。

第一，裸子植物出现了新的繁殖器官，即种子。种子由胚、胚乳和种皮三部分组成，它们的胚来自受精卵，即新一代的孢子体，胚乳来自于雌配子体，种皮来源于珠被，是老一代的孢子体，这是植物进化过程中迈出的重要一步。

第二，裸子植物出现了花粉管。花粉管也是裸子植物新出现的一种结构，当花粉粒落在胚囊上发育成雄配子体时，就长出了花粉管，它通过颈卵器深入到卵的附近，释放出精子与卵相结合，成为受精卵。结果就使植物的受精作用摆脱了对水的依赖，也使裸子植物进一步适应了陆地环境。

第三，裸子植物能够次生生长，这样就使大部分裸子植物都能成长为参天大树。很多裸子植物都是重要的树木，在北半球的寒温带和亚热带，分布着大量的裸子植物。我们熟悉的银杏、苏铁、巨杉、侧柏、红豆杉、油松等都是重要的裸子植物。

化石记录显示，三叠纪低地植被以石松植物的肋木属（*Pleuromeia*）为主。中、晚三叠世，开始出现许多现代真蕨植物和松柏类植物的科以及几个已经灭绝的植物类群。这些植物最早可能生活在古生代或中生代早期的高地生境，后来，它们逐渐占据了一些低地生境，那里曾经是古生代植物群落生活过的地方。在中三叠世和晚白垩世期间，低地生境中占优势的是典型的中生代植被。

晚三叠世，物种最丰富的植物群分布在赤道地区，那里出现了各种各样的植物，如木贼植物、种子蕨植物、苏铁类植物、本内苏铁植物、薄孢穗植物（Leptostrobaleans）、银杏植物和松柏类植物等，都是当时植物的代表类型。

中纬度分布着相似的植物群，但其种属不如赤道地区丰富。这一时期，低地陆生植被的分布似乎与纬度没有多少关系，这也启发我们：那时的地球气候状况，世界大部分地区可能具有相当一致的无霜冻气候。

裸子植物在陆生植被中占据主导地位，它们开始与真蕨植物平分秋色。中生代末期，被子植物有了很大发展，而裸子植物仍占有重要地位。

在白垩纪—古近纪界限事件中，恐龙灭绝了。这次事件也造成了许多裸子植物类群的灭绝，但有些类群延续了下来，幸存下来的裸子植物有 800 多种。我们最熟悉的就是松柏类植物，它们继续成为陆生植物的重要类群，一直延续到今天。

松柏类植物属于现代裸子植物，既有中生代和古近纪、新近纪的化石，也有现生的种类。松柏类是现生最繁盛的裸子植物，它们几乎呈世界性分布，在比较凉爽的高纬度地区尤为普遍，它们在那里形成了广袤的森林。像许多石松植物和真蕨植物一样，最常见的古生代松柏类植物科在二叠纪—三叠纪界限就灭绝了。只有一些掌鳞杉科植物延续到三叠纪，但它们也没有活过早侏罗世。三叠纪和早侏罗世发现的许多松柏类植物科仍然存活至今，它们就是现代松柏类植物。

银杏（*Ginkgo biloba*）是植物界最好的"活化石"。中生代时，银杏植物是一个高度多样化的类群，几乎分布在地球的每一个地方，到今天只剩下一个种。过去，人们曾认为它们的野生种完全灭绝，后来在日本和中国的寺院里发现了残存的种属。今天，由于人工干预的结果，银杏在中国的种植面积有所扩大。

当时，很多植物生长不必再依赖沼泽湖泊，但陆地上还没有开花植物和草类，只有类似于棕榈的苏铁类和许多热带松柏类植物，以及为数不多的羊齿类植物。

2. 三叠纪的动物面貌

三叠纪初，由于古生代末地壳的巨大变动，有些海域逐渐被陆地取代。基本继承了晚二叠世的古地理轮廓。湖盆发育广泛，盆地边缘植物茂密，湖盆内生活着双壳类、头足类、腹足类等动物。菊石就是其中之一。菊石（Ammonoid）的名字源于一个叫作阿蒙神（Ammon）的古埃及神祇。阿蒙神头上长着螺旋形角，与菊石的盘绕线外壳非常相似。菊石名称由此而来。

公元 88 年，古罗马植物学家老普林尼（Gaius Plinius Secundus，23—79）首次在著作《自然史》中提到菊石，他把菊石称作阿蒙神的角，将其视为圣石。当时的人们认为它们有唤起预示未来的魔力。

菊石最初是在大约 4 亿年前的泥盆纪出现的，比恐龙的出现要早 1.7 亿年左右，那是一个生命复苏的时期。最早的菊石可能是从直体型的杆石动物演化而来的，杆石动物是鹦鹉螺目中非常小的一属。泥盆纪菊石进化的一般模式表明，菊石外壳随着时间的推移逐渐盘绕得越来越紧，这种演化可能降低了它们的行动速度，但提高了它们的灵敏性和转向能力。

菊石之所以从繁盛的巅峰跌入低谷，然后再度崛起，缘于它们适应环境的能力。它们是适应环境的高手，总能找到进化的新方式，并在不断变化的环境中找到立足之地，这是达尔文进化论的典型实例。

菊石是推算岩石年代最有用的化石。显然，其数目之大是一个明显优势，而它们迅速进化的过程和单个种类短暂的生存期才是其价值巨大的原因。古生物学家利用菊石化石可以将地质年代的划分精确到 50 万年。如果认为地球的年龄是 46 亿年，那么 50 万年就是一个非常短的时间段了。三叠纪及以后的侏罗纪和白垩纪的大部分时间，就是利用菊石划分的。菊石化石分布很广，发现相同种类化石的地点可能要相隔数千里。

当地球环境渐趋稳定并有利于生命的萌发时，新的物种就会出现，在一些岩石的记录中发现了一些新种。有一种产卵的脊椎动物在孵化完成前几乎已接近发育成熟，一旦出生，就能在空气中生活，不必先在水中生存一段时间后再到陆地上来，并且这时它们的鳃已完全消逝。这种不必经过蝌蚪阶段的新动物就是爬行类。另外，昆虫类不仅种类多，数量也多。今天仍游荡在世界各地的甲虫就是那时候出现的。

三叠纪最动人的一幕是在动物界出现了几乎人人皆知的古代恐龙（Dinosaurs），菊石和恐龙同时在侏罗纪和白垩纪时期大量繁衍。白垩纪末，恐龙数量逐渐减少，并在 6500 万年前最终灭绝，菊石也遭到了同样的命运。

四射珊瑚已经告别了喧闹的生命世界，腕足类和腹足类动物正走在日渐衰落的古道上，代之而起的有六射珊瑚、双壳类等，菊石类仍然兴盛。

陆上脊椎动物中出现了一种原始的无尾蛙类的两栖动物。爬行动物正走在通向未来的金光大道上，恐龙类作为一个生命群体首次出现在了地球上。原始哺乳动物在三叠纪即将结束的时候也已涌现于世，它们最有可能是由爬行类缓慢演化而来的。在中生代快要结束的时候，偶尔还能看到原始的鸟类十分笨拙地飞翔在天空中。

时间持续了 1 亿多年的中生代是爬行动物极度繁荣的时代。纵观今天地球的动物界，爬行类已经很少了，它们分布的区域也十分有限。但和石炭纪曾经生活在陆地沼泽间的两栖类的残存后代相比，它们的数量也不算很少。

今天，像蛇、鳖、龟、鳄鱼及蜥蜴等爬行类动物仍是我们比较熟悉的，它们全是些需要终年温暖的动物。由此想来，中生代的爬行类应该也是这样，它们不可能生活在严寒地带。它们对环境的适应能力较差，其生存的空间也相对狭小。

龟是一类独特的动物，从它们具有的壳就能分辨出来。最原始的龟和最早的恐龙同时出现在约 2 亿多年前。对化石的研究表明，当时的龟已经具有与现代种类相似的壳了。由于龟甲比较坚硬，容易保存下来，所以被发现的龟类化石大多是龟类甲壳化石。由于它们的甲壳在不同类群间有明显的形态和结构差异，就成了进行分类的主要依据。

鳄鱼起源的时间可能比恐龙还要早，但从化石记录来看，最早的鳄鱼出现在三叠纪晚期，恐龙也差不多同时出现。从那时起，鳄鱼目睹了爬行动物的兴衰、恐龙的灭亡、哺乳动物的兴起和人类的成长。经过 2 亿多年的演化，鳄鱼仍然在地球这个大舞台上展现着它们健壮的身躯，可谓一类适应能力极强的爬行动物。进入新生代后，鳄鱼在几千万年的时间里，身体构造基本定型，没有大的变化，"活化石"的美名因此非它莫属。

原始的鳄鱼主要是陆生动物，更为进步的中鳄类则既有陆生类型，也有水生类型，有一些中鳄类甚至特化为海生动物。现生鳄鱼属于真鳄类，主要是半水生的动物。

帝王鳄是一类凶残的食肉动物。帝王鳄体长最长可达 10 米，头部与一个人的身高相当。它生活在约 1.12 亿年前尼日尔的大河深处，凶残无比，不仅河中的鱼是它们的食物，甚至连中生代的霸王恐龙也常常成为它们"餐桌"上的美味。其实，帝王鳄还不是最大的鳄鱼，已知最大的鳄鱼是生存于美国晚白垩世的恐鳄。

人们印象中的鳄鱼总是冷酷无情和凶残成性，这其实是一种误解。除了帝王鳄、恐鳄等凶残的肉食者外，还有许多温顺的植食性鳄鱼，而且，很多肉食性鳄鱼也并不凶残，比如中国的一级保护动物扬子鳄（中国短吻鳄）。

二、侏罗纪：歌声悠扬

1829 年，法国古植物学家布隆尼亚尔（Alexandre Brongniart，1770—1847）在法国和瑞士两国交界的侏罗山研究地质结构与古代植物演化关系时，发现这一地带的地层下部由绿色页岩组成，中部是铁质砂岩，上部由浅色泥灰岩组成，遂以侏罗（Jura）命名了相应的地层和地质年代。

侏罗纪（Jurassic）是介于三叠纪和白垩纪之间的地质时代，大约开始于 2.01 亿年前，到 1.45 亿年前结束。侏罗纪是中生代的第二个纪，尽管这段时间内的岩石标志清晰明朗，但依然无法判断出地质时代始终的准确时间。

发生在这个时期地球生命界最激动人心的事件就是鸟类的祖先——始祖鸟（*Archaeopteryx*）的诞生了。这个时期，被子植物开始星星点点地散布在海拔较高的台地上。

侏罗纪的地球就是一个巨大的公园。那时，森林充分发育、湖泊广泛分布，它们可能由于相互阻隔未能连成一片，但湖与湖之间有河流或小溪贯通。各种鱼类自由自在地畅游其间，恐龙蹒跚漫步在充满生命活力的原始大地上。

1. 侏罗纪的植被：生命真景

鸟瞰侏罗纪时期地球的模拟生态景观，我们发现，丘陵上森林茂密，高大的树木下生长着一些蕨类植物，在一些海拔较低的地带分布着苏铁类和银杏类植物。这个时期，地球的大部分土地覆盖着植物，到处是郁郁葱葱的美丽风景。

早侏罗世，低纬度地区的植被非常丰富，主要包括真蕨植物、木贼植物、种子蕨植物、苏铁类植物、本内苏铁植物、薄孢穗植物、银杏植物和松柏类植物。这和三叠纪的情况大致一样。

大多数真蕨植物的科存活至今，如双扇蕨科（Dipteridaceae）、马通蕨科（Matoniaceae）、里白科（Gleicheniaceae）和桫椤科（Cyatheaceae）。

这个时期的松柏类植物大都可归为现生科，如罗汉松科、南洋杉科、松科和紫杉科。虽然掌鳞杉科是这个时期最丰富的科，但没能活过白垩纪末。这种植被与煤的形成有关，反映了当时充沛的雨量和它们兴旺发达的景象。

中侏罗世，荒漠化地区扩大。晚侏罗世，干旱导致的荒漠化度扩展到某些低纬度地区，那里的植被以掌鳞杉科松柏类植物和马通蕨科真蕨植物蝶蕨属（Weichselia）为主。这时的北欧也十分干旱，生活在这里的优势植物，是本内苏铁植物、苏铁类植物、盾籽植物、掌鳞杉科松柏类植物等，它们一般都具有厚厚的、气孔下陷的角质层，结构形态和性状的这些变化通常与旱生条件有关。在这样的条件下，形成煤层是不太可能的。

在像西伯利亚和加拿大北部那样的北方中纬度地区，生活着一种叫作银杏泰加林（Ginkgoalean taiga）的植被类型，主要由银杏植物和薄孢穗植物构成。这里形成了广泛的煤层，这表明当时此地区气候比较温暖潮湿，支持这一观点的另一证据是没有发现掌鳞杉科松柏类植物的化石。在西伯利亚东部，晚侏罗世的苏铁类植物和本内苏铁植物分布比较广泛。

南方植被在早、中侏罗世相似，那里银杏植物稀少，其他植被也不如赤道那样丰富。和北方植被相比，那里存在丰富的掌鳞杉科松柏类植物。当时，几乎没有极地冰川，因此，南方植被就能扩展到很高的纬度，它们的踪迹远达南极洲。

晚侏罗世，赤道荒漠扩展到南方的部分中纬度地区（如南美和非洲地区）。而其他地区的植被异常丰富，它们主要包括木贼植物、真蕨植物、苏铁类植物、本内苏铁植物、银杏植物和松柏类植物。印度拉杰马哈尔（Rajmahal）山的化石植物群证明了这一点，那里的石化化石以解剖结构的精细著称。

2. 侏罗纪的动物：走向繁荣

作为爬行动物的庞大家族，恐龙及其近亲在这个时期走向繁荣，它们以各种奇异的形态、众多的特征、庞杂的类别及不同的生活习性闻名于世。它们的踪迹遍布于大地、天空和海洋。那时，善于飞翔的翼指龙穿梭在高大的阔叶林之间，剑龙（*Stegosaurus*）、雷龙（*Brontosaurus*）和霸王龙（*Tyrannosaurus*）旁若无人地漫步在生机无限的大地上，原野和湖泊充满了生命的闹音，遥远的水域中，三三两两的小岛如孤舟一样在慢慢地浮出。阳光灿烂、空气清新、白云悠悠、绿荫覆地，天空是如此的湛蓝，一种伊甸园式的生命情态如梦幻般飘然而至。这大概是现代人类永不可遇的。

古老的软体动物仍然兴盛。鱼类中具有坚硬骨骼的真鱼类也开始繁盛。侏罗纪的生物界也许是地球生命有史以来最辉煌的一幕，其繁荣达到了极盛，生命的牧歌长存。

关于对未来地球生命发展前景的沉思时时会让我们悲从中来。但是在侏罗纪，地球生命无疑是有史以来最富诗情画意的一段，这种浸透着远古自然色光的生命情态今后大概不会再有了。

每当想起这些，实在令人不由思考当代人类对待自然的态度是否既极端又蛮横，作为一个具有理智和智慧的生命，为了眼前的既得利益而近于疯狂地消耗和掠夺地球的有限资源，这是一个真正的悲剧。这最有可能成为未来人类灾难的直接诱因。

侏罗纪

当侏罗纪即将结束的时候，恐龙已成为陆地上最有生命活力的爬行动物。在白垩纪早期，它们达到极盛。到了白垩纪晚期，用两足行走的食肉恐龙达到了繁盛的顶峰，它们之中有的长着巨大的头部和用匕首般的牙齿武装起来的上、下颚。

那些奇形怪状的庞然大物在昔日水草丰美的大地上横冲直撞。当它们站立起来时，头与地面之间的垂直距离高达 10 多米，以一种天下至尊的形象傲然于世。以人类短暂的一生和有限的眼光来看当时不可一世的恐龙，大概不会想到它们也有灭绝的一天。

3. 鸟类的起源和演化

侏罗纪晚期，始祖鸟开始出现。它们的大小和乌鸦相仿，全身披着羽毛，属于温血动物。这些鸟类祖先的前肢已转变成翼，脚有四趾，这些特征和鸟类相似。它们同时又长着由多节尾椎骨形成的长尾，嘴里长有牙齿，翅膀前端又有能抓握的爪子，这些特征又和爬行类十分相似。因此，现在我们一般认为，始祖鸟是从爬行类向鸟类过渡的一种中间类型。

它们前肢趾端的爪子大概是用于抓握树枝的，由于它们还没有发达的、适于飞行的骨骼和肌肉系统，长尾巴也不便于起落和转向，所以，它们是一种飞行能力较低、只能在树枝间滑翔的原始鸟类。从它们的牙齿特点看，它们是食肉性鸟类，常常以水中或陆地上的小动物为食物来源。

始祖鸟的化石标本主要是在德国南部的巴伐利亚州发现的。1861年，这个州索伦霍芬地区的采石工人在灰色的石灰岩中发现了一根羽毛化石，长约 68 毫米。接着又发现了带有羽毛的动物骨架，这些沉睡在古老岩层中达 1 亿多年的骨骼保存得十分完整，连羽毛的微细印痕都十分清晰。这一重大发现立即轰动了世界。据说古生物学家迈耶看了标本后，认为这是一种从未见过的鸟，遂将其命名为"古翼鸟"，在汉语中就把它译为"始祖鸟"。

始祖鸟生活在距今大约 1.5 亿年前的晚侏罗世，身披羽毛，但在许多骨骼特征上和爬行动物一样，它们是鸟类从爬行动物演变而来的最好的古生物学证据。首次发现始祖鸟化石的时间只比达尔文发表《物种起源》著作晚了两年，当时，这一发现毫无疑问就成为支持进化学说的最重要证据之一。时至今日，始祖鸟化石仍然是最知名的化石种类之一。

说到鸟类的起源，让我们稍稍回顾一下历史。1986年的夏天格外炎热，7月中旬，以美国得克萨斯州立大学古生物学家桑戈·查特杰（Sango Chartejie）为首的一个野外考古队在该州进行田野作业。由于得克萨斯相对干旱，闷热和焦渴自不必说，但他们在雨季到来之前却有了一个重要收获。

桑戈和他的队友们在得克萨斯州西部波斯特城附近的三叠纪地层内发现了两只鸟类化石标本，经测定地质年代，认为它们比始祖鸟早了7500万年。其中一个属成年鸟、一个属雏鸟。身体大小如乌鸦，颌上长有牙齿，身体后部拖着一条骨质长尾，翅膀前有残留的爪子。

虽然这些外部特征与始祖鸟没有明显差异，但它们体内的骨骼特征却有明显不同，从它们拥有叉骨、空心骨和一个似龙骨脊的胸骨以及鸟的头骨来看，它们具有一定的飞行能力。它们的后肢又相当粗壮，说明在它们尚未进化到鸟类之前，与向前快跑有关。因此，古生物学上有一种观点认为，鸟类的祖先与快跑的小型恐龙有进化上的关系。还有一种观点认为，始祖鸟的出现时代较晚，应属于鸟类进化道路上的旁支。这些三叠纪的鸟类化石，现在被命名为 protoavis，汉语意为原始鸟。

在脊椎动物中，鸟类是征服空间最成功的一类。白垩纪早期，鸟类获得了初步繁荣。这一时期，鸟类个体较小，但飞行能力和树栖能力都比始祖鸟大大提高了。新生代以来，鸟类的进化更加令人瞩目。鸟类的生存空间也变得更加广阔和深远。

关于鸟类的起源，大体上有三种假说：鳄类起源说、槽齿类爬行动物起源说和恐龙起源说。鳄类起源说从诞生至今一直没有引起太多关注。学术界以后两种假说为主。

槽齿类爬行动物起源说认为，鸟类起源于一类原始的槽齿类爬行动

鸟类的起源和进化

物。学者认为，槽齿类不仅是鸟类的祖先，也是包括恐龙在内的多数爬行动物的祖先。恐龙起源说认为，鸟类起源于一种小型的兽脚类恐龙。目前，大多数古生物学家支持这一观点。小盗龙、尾羽龙等带有羽毛的恐龙的发现，为鸟类的恐龙起源说提供了最好的也是最关键的证据。

古生物学和环境考古学研究表明，1.2 亿多年前，中国辽宁的西部是一个生机勃勃的原始鸟类的乐园。那时的鸟类大多口长"钢牙"，长着尖利的爪子，是那个时代比较凶猛的飞行动物。它们中的一些还在笨拙地试飞或滑翔；另一些则已是身怀绝技的飞行高手；更有一些飞出丛林，在天空或更大的空间尽享生活的乐趣。

研究发现，在鸟类进化史上，羽毛比翅膀先出现。羽毛发育完全后，才长出了翅膀，其目的是为了飞行。最初的鸟类大概以一些飞虫和小鱼为食，它们的前肢有点像现代的企鹅。这些笨拙、憨态可掬的鸟类祖先差不多是混在中生代的翼指龙群中。它们给那个时代的天空增添了许多生命的亮色。但是，中生代的鸟类肯定少得可怜。

众多的翼指龙和更多的小飞虫在低凹地带的羊齿丛和芦苇间飞进飞出，天空中偶尔会有几只始祖鸟飞过，与它们的影子一起飘过来的，是一种类似于"呼……呼……"的声音。这就是那个时期大地上空的美丽景观。寂寞是漫长的，生命的新种还有待于继续进化出优美的体态和敏捷的舞姿。

三、白垩纪：辉煌永在

白垩纪（Cretaceous）处在侏罗纪和古近纪之间，它是中生代的最后一纪。时间持续了将近 8000 万年，即从 1.45 亿年前到 6600 万年前。白垩纪是中生代和新生代的分界，也是显生宙中较长的一个阶段。

1822 年，法国地质学家达洛瓦在研究英吉利海峡两岸地质时，发现悬崖上露出一套分布稳定、质地细腻、富含钙质的沉积物，当地人称为白垩土，能用来制造粉笔。于是将这套地层称作白垩系（Cretaceous system），形成该地层的时间称作白垩纪。

白垩纪期间，冈瓦纳古陆彻底解体，古大西洋进一步扩展，欧洲与北美洲、南美洲与非洲已完全脱离，印度也向赤道漂移，古印度洋比以往更为浩瀚。

1. 白垩纪的陆生植被：气候诱导进化

早白垩世和晚侏罗世的植被在分布和总体组成上几乎没有差别。南美、中北非和亚洲中部等低纬度地区，由于荒漠或半荒漠化面积扩大，植被主要是掌鳞杉科松柏类植物和马通科真蕨植物。

欧洲和北美等北方中纬度地区，植被更加多样化，包括本内苏铁植物、苏铁类植物、真蕨植物、盾籽植物和掌鳞杉科植物都有一定的分异度。再向北，分异度又衰退，替代它们的是薄孢穗植物占优势的组合。南方中纬度地区，可能分布着由本内苏铁植物和掌鳞杉科植物占优势的植物群落。

晚白垩世，植被类型开始发生巨大变化，一些典型的中生代植物发生了明显的衰退，它们包括薄孢穗植物、本内苏铁植物、苏铁类植物和银杏植物，而被子植物群落大量增加。

实际上，晚白垩世发生在植物界的这次事件标志着以裸子植物占优势的中生代植物群的淡出，从此以后，以被子植物占优势的植物群落开始走向生命的前台。或许可以这么说，被子植物正走在阳光灿烂的春天里，它们能够绽放出鲜艳的花朵，能够结出馥郁浓浓的果实。

这期间，干旱气候扩展到了大部分低纬度地区。分布在南美北部、中非和印度的热带植被主要有棕榈植物（Palms）和山龙眼植物（Proteas），松柏类植物极少见。棕榈植物还扩展到北方中纬度地区。当时最多样化的植物群在北美，主要是常绿的被子植物，也有一些松柏类植物，尤其是红杉属（Sequoia）。除此之外，我们对其他植物类群所知甚少。

当时，被子植物扩展到了高纬度地区，这是极地冰盖消失的结果，重要的证据之一是在北极地层中发现了它们的残骸。与中纬度地区的乔木相比，这些高纬度的被子植物却不是落叶性植物，这非常令人意外。

在这些较高纬度的地区，松柏类植物也很普遍，尤其是杉科植物红杉属（*Sequoia*）和水杉属（*Metasequoia*）。有意思的是，比较典型的中生代植被残遗仍然出现在部分高纬度地区（例如西伯利亚），那里生长着开通目植物、本内苏铁植物和薄孢穗植物。

晚白垩世，南方中纬度植被分布情况比较模糊。当时，那里主要覆盖着和低纬度地区一样的荒漠。有资料表明，木贼植物、真蕨植物、松柏类植物和被子植物在荒漠边缘的植被中占优势。最常见的松柏类植物是南洋杉和罗汉松，而被子植物都是今天典型的南半球属，包括南山毛榉属（*Nothofagus*）。和北半球一样，松柏类植物和被子植物的阔叶林可能已经扩展到南方很高的纬度区，这表明晚白垩世的极地冰盖极少。

地球上最早出现的植物都是不开花的，直到恐龙时代结束，仍然没有开花植物，也没有草类和阔叶树。那时候，所有植物都通过播撒孢子或产生原始的种子繁殖后代。这些植物可统称为无花植物。

中生代末，地球环境发生了巨大变化。这种变化可以用"翻天覆地"一词形容。与此相伴随着的就是恐龙灭绝、爬行动物衰落和被子植物的兴起。被子植物就是开花植物。

新生代刚开始的时候，无花植物被开花植物逼到了绝境。尽管如此，一些无花植物还是顽强地存活了下来，个别的种类还非常成功地繁衍着后代，比如苔藓和蕨类。

那时候，地球上古生物化石中可比性最大的是植物化石，在其所构成的庞大植物群内，既有北方植物群的主要属种，又有南方植物群的属种。其中以真蕨类最繁盛，其次为种子蕨、银杏类、苏铁类等。而苏铁类植物是推断白垩纪气候环境的标准植物化石之一。

2. 白垩纪的动物：在适应中选择

如果说在白垩纪之前的地球上充满了浓郁的绿色，那么在白垩纪末期的地球上则充盈着"百花齐放、万紫千红"的迷人景象。种类繁多的爬行类和哺乳类、色彩缤纷的裸子植物和被子植物构成了那个时代一道靓丽的风景线。

在地球历史的这个时期，正当霸王龙横行霸道于茂密的森林和湿热的原野上，翼指龙在丛林地带轻跳漫飞、捕食着无花灌木丛和小树林中营养丰富的昆虫及河湖海边的小型动物时，新的种族正在形成。

那个时期，大批善于奔跑的爬行类动物及小型恐龙类常常会受到更庞大动物的威胁，生存竞争是赤裸裸的、不可避免的。用艰难困苦来形容那些弱小者的生存环境应该是很准确的。

它们不得不面对这些不利的生存环境。在那个既自由又严酷的广阔天地间，有的物种灭绝了、有的从深谷跃上了寒冷的高山、有的从温暖的湖沼远游到了深海水域，它们都在不断开拓着新的生存空间。

它们最初都是一些弱不禁风的东西，拖着单薄瘦小的身躯爬行在莽莽原野上，在艰难困苦的自然选择中锻炼着起码的忍耐和适应新环境的能力，在永远存在的生存竞争中这是不可缺少的一环，这种苦难的经历奠定了它们走向辉煌的坚实基础。

生活在中生代陆地上的那些不幸的生命群体，逐渐进化出了一种新型的细绒毛样的重叠羽鳞片，这使得它们比其他爬行动物能更有效地保存体温，因此它们才敢在那些更加寒冷的地方生活。

与此同时，它们开始关注自己产的卵，这和大多数爬行动物不同，那些动物产下自己的卵后一走了之，任凭阳光孵化和自然孕育。但是，这些生命之树新枝上的某些变种，逐渐养成了一种对自己产的卵充满了母亲式的爱护、并用生命的体温温暖它们的习惯了。这种在艰苦条件下培养起来的及对自身生命及其繁衍的关注是动物心理反应微妙变化的结果。环境造就了一切，包括内部身体结构的变化，它们逐渐成为热血且能独立保持体温的动物。

到了白垩纪末，恐龙、菊石等相继灭绝，而具有硬骨的鱼类却走向繁荣，它们的身影和歌声充满了全球的广大水域。鸟类和哺乳类动物在这个时期仍然居于次要位置。

3. 白垩纪—古近纪灭绝事件

迄今为止，在几个地区的白垩纪和古近纪界限的黏土层中，发现了铱元素含量异常高。就我们所知，这种铱异常现象在地球表面是非常罕见的。这启发我们，可能是一颗小行星撞击地球或火山喷发的原因，或二者兼而有之。小行星在墨西哥附近撞击地球和印度大量火山喷发也恰好发生在这个时间段内。这意味着白垩纪末似乎有一段黑暗和低温时期。

众所周知，恐龙就在这时灭绝，同时灭绝的还有一些海洋动物，如头足动物和一些浮游的有孔虫。然而，这次事件对植物群落的影响不大。当时灭绝的科极少，而且，那些灭绝的植物都是已经发生重大衰退的类群，如本内苏铁植物和开通目植物，很可能是在和被子植物的竞争中处于劣势的结果。

气候和环境变化无疑会对植物生存产生影响，低温和黑暗可以杀死它们的营养器官和生殖器官，从未体验过低温环境的被子植物尤其容易受到影响。幸运的是，被子植物具有种子和孢粉，它们在地表或土壤中能长时期处于休眠状态，通过这种选择，它们中的多数能够躲过环境危险期，一旦条件变得比较正常，就能发芽、生根、开花和结果。在植物界，劫后余生就是通过这样的方式实现的。

在北美西部中纬度地层的化石记录中，很容易看到这种突发性"生态震撼"（ecological shock）的暂时效应。就在白垩纪—古近纪界限之上，真蕨植物的孢子和花粉占显著优势，这类似于因火山活动造成的植物对排空陆地的早期拓殖，北美古近纪拓殖更替的植被显示，选择有利于具有落叶习性的植物类群，而且灾变事件前占优势的常绿植被消失了。

这次灾变可能发生在一个短暂的冰冻时期，因为它没有影响到更加南部的植物群，也没有影响到那些具有落叶习性的植物和更加北部的植物群。因此，影响可能是区域性的，因为在其他地方没有发现可以对比的、受到破坏的植被。除了北美的中纬度地区外，没有发现集群灭绝的证据，所以它肯定不是一次全球性事件。

4. 热河生物群

这里还必须提到热河生物群，因为它是我们了解白垩纪生命世界的重要窗口。中生代白垩纪早期（距今约 1.2 亿年前），在中国的东北、蒙古、朝鲜、日本和西伯利亚东部的外贝加尔地区，分布着一个既古老又充满生机的动、植物群落。这个动、植物群落就是我们通常所说的热河生物群落。当年发现最早的代表性化石生物是东方叶肢介、三尾类蜉蝣和狼鳍鱼。

在这个生物群中，有世界上独一无二的身披羽毛的恐龙化石，有最大、最精彩的鸟园，有最早的真兽（具有胎盘的哺乳动物），还有世界上最原始的花朵。中国辽西不仅是热河生物群活跃的中心，其独特和完整的陆相中生代地层同样也堪称世界一流。当时，这些地区气候温暖湿润，环境变化多样，湖泊河流纵横，各种动、植物在这里繁衍生息，一派欣欣向荣的景象。

不幸的是，繁荣的背后却酝酿着一场真正的灾难：经过 1 亿多年的斗转星移和地壳变迁，火山喷发出浓厚的灰尘和致命的毒气，飞禽走兽、花鸟鱼虫顷刻间命归黄泉，随即被深深掩埋，很多古老的生命石化成了化石。

热河生物群记载了古老地层中充满绚丽和悲壮的生命历史。在那里，我们不仅能找到鸟类起源和演化、羽毛起源、恐龙辐射的线索，也能发现被子植物起源和演化、哺乳动物重要类群的起源及演化的影子。它们为我们研究古生物学提供了许多关键性证据。

在热河生物群中，已发现的植物种类有苔藓植物、蕨类植物、裸子植物（主要包括银杏、苏铁、松柏类及买麻藤类）和被子植物。裸子植物占绝大多数，而银杏、苏铁、松柏类和蕨类尤其丰富。买麻藤类植物和现生的买麻藤类几个属非常相似，这表明它们具有很近的亲缘关系，对于我们研究这一类群的演化历史具有重要价值。被子植物的种类和数量在整个植物群中相对较少。

在动物界，热河生物群涵盖了腹足类、双壳类、昆虫类等无脊椎动物，鱼类、两栖类、爬行类、鸟类、哺乳类等脊椎动物各大门类化石，每一个门类又包括了许多次一级的分类单元。

热河生物群中保存了大量精美的两栖动物化石，包括滑体两栖类中的无尾两栖类（如蛙类）和有尾两栖类（如蝾螈类），它们填补了中国中生代滑体两栖动物化石的空白，为研究滑体两栖类在中国的早期演化和迁徙提供了重要信息。其代表种类有丽蟾、中蟾、塘螈、辽西螈等。

在地质历史上，两栖动物虽然出现得很早，但原始的青蛙化石并不多见。在热河动物群中，青蛙化石保存得很好。一种叫作三燕丽蟾的化石栩栩如生，展示了一种原生态的美丽。此外，还有不少的蝾螈化石，它们和原始的古蛙一起，组成了一个色彩斑斓的两栖动物世界。

热河生物群中，爬行动物的世界最丰富多彩，它们包括龟鳖类、离龙类（一类水生爬行动物，重要的有满洲鳄、潜龙、伊克昭龙等）、蜥蜴、翼龙和恐龙（如锦州龙、鹦鹉嘴龙、热河龙、辽宁角龙、猎龙等）。它们当中，最著名的就是翼龙和恐龙了。

已发现的翼龙都是具有短尾巴的翼手龙类，它们和那时的鸟类点缀了北方的天空。当时，这里还奔跑、跳跃着许许多多身披羽毛的恐龙。它们体型较小，除了分布全身的羽毛外，头上还长着和鸟类一样的冠。但它们并不是鸟类。"中华龙鸟""原始祖鸟"其实都是恐龙。当然，大部分恐龙都没有羽毛，例如锦州龙（一种禽龙）。据说锦州龙是热河生物群中最大的恐龙。

5000多年前，辽宁西部是"红山文化"的发源地，因后来出土玉猪龙而闻名于世。龙是中国古老文化的象征。据考证，玉猪龙是龙形象的最早艺术品。辽西地区的化石恐龙和玉猪龙的发现是一种巧合还是有某种必然的联系呢？

1.2亿年前，辽西是世界上拥有鸟类数量和种类最多的地方，当时，这里是鸟儿的乐园。已考证清楚的鸟类有：孔子鸟（最早具有角质喙的古鸟）、辽西鸟（中生代最小的鸟类）、原羽鸟（其尾羽既像鳞片也像羽毛）、会鸟（当时最大的鸟类）、义县鸟（进化程度最高的鸟类）、热河鸟（像始祖鸟一样长着长尾巴），等等。

化石的细部结构特征揭示了当时鸟类食性复杂的程度和消化食物所采取的某种方式：燕鸟的胃里保存了鱼类的残骸，会鸟的体内还可见到胃石；热河鸟的胃里充满了植物的种子。我们不难想象，白垩纪早期的地球生态是多么丰富多彩。

在热河动物群中，也发现了种类繁多的昆虫化石，据说有1000多种。当时，采花的昆虫已经大量出现。我们知道，昆虫采花的习性与被子植物及原始花朵的出现有关。从这里，我们能够感悟生命演化和环境演变之间的关系。从化石研究得知，白垩纪早期，辽西地区就充满了花儿的沁香、鸟儿的欢歌、鱼儿的畅游和虫子的低鸣，是一个很让人向往的地方。

众所周知，新生代是哺乳动物的时代。但早在2亿多年前的中生代早期，哺乳动物的祖先已经出现。从那时起，哺乳动物的演化就拉开了序幕。

迄今为止，在辽西的热河生物群中已发现了约10种原始的哺乳动物化石，它们大多具有较完整的骨骼，有些还保存了很好的毛发印痕。如此完整精美的保存，在早期哺乳动物化石中十分罕见。其中的张和兽、爬兽、中国俊兽、始祖兽、戈壁兽、中国袋兽等，代表了不同门类的哺乳动物。它们的个头大小和运动方式都很不相同。这充分说明，到了早白垩世中、晚期，哺乳动物已经适应了不同的生态环境。其中，中国袋兽和始祖兽还分别代表了有袋类和真兽类最原始的形态。

如果不是因为保存了大量的生物化石，我们就不可能提出"热河生物群"这一概念，也不可能知道1.2亿年前的生命片段。

我们由此可以推测，当时的辽西地区，在美丽的湖畔和宁静的山坡间潜藏着随时都有可能爆发的火山。有一天，火山终于喷发，剧烈和频繁的火山活动使几乎所有的生物顷刻间死亡，随即或沉入湖底、或埋葬在火山灰下，从此成为一个遥远的记忆，它们就成为今天的化石。

这次事件很容易让人想起发生在公元79年的维苏威火山喷发，那次火山喷发造成了庞贝古城的毁灭，使景色秀丽、物产丰饶的亚平宁半岛从此变得荒凉。

四、遥望恐龙

中生代的陆地是恐龙的天下。高大茂盛的植物、温暖适宜的气候与较为恒定的环境，使当时动物界的霸主恐龙得天独厚，空前活跃。

从目前的发现来看，有些恐龙个体巨大，长达 20～30 米，有些恐龙则小巧玲珑，体长只有几十厘米。像小盗龙那样的恐龙只有 40 厘米长，可能是世界上最小的恐龙了。有的恐龙凶猛无比、嗜血成性；有的则像今天的鳄鱼一样，浑身长着鳞片，是变温动物，俗称冷血动物；有些恐龙还可能披着羽毛，属于恒温动物，也叫作温血动物。

恐龙之所以在中生代能盛极一时，与它们的身体结构和古地理气候环境有密切关系。晚古生代末，地球上发生的海西运动使海陆布局发生了巨大变化，陆地面积空前增大，自然环境趋于稳定。那些在晚古生代兴盛的两栖类由于水域面积缩小而逐渐衰落，而具有羊膜卵的爬行动物越来越适应陆地环境。在植物界，裸子植物代替了蕨类植物，这些因素促使恐龙走上鼎盛阶段，并以大大小小、形态各异的庞大家族统治着整个生物界。

那时候，地球表面山地不高，其间分布着宽阔的河谷、湖泊和沼泽，气候温暖湿润、雨量充沛、四季如春，到处是由裸子植物构成的热带和亚热带森林，自然界充满了无限生机。茂密的芦苇、高大的羊齿类覆盖着低凹不平的原野。那些以绿色植物为食的恐龙细嚼慢咽着随处可见的植物嫩叶。它们中的一些比以往陆地上的任何动物都更加庞大，甚至可与鲸类相比。

恐龙分为两大类，分别是蜥臀类和鸟臀类。这两大类的主要区别是它们的腰带结构不同。古生物学认为，腰带是连接后肢和脊柱的骨骼。每一侧腰带由三块骨头组成，即肠骨、坐骨和耻骨。这三块骨头的形状、排列方式直接对动物的行走和生殖有影响，在恐龙类动物中，这表现得尤为突出，是区别恐龙类型的最好特征。蜥臀类恐龙为三射型腰带，鸟臀类恐龙为四射型腰带。

1. 几种典型的恐龙

在漫长的进化历程中，四足动物逐渐摆脱了对水生环境的依赖。但在三叠纪时，由于海陆环境的变化，又有一些陆生爬行动物重新回到海水中生活，这就是海生爬行动物。现代海洋中，爬行动物稀少，仅有海龟、海蛇及咸水鳄等少量几种，但中生代海洋中，爬行动物种类繁多，有鱼龙、鳍龙、海龙、沧龙、蛇颈龙、原龙等，其中最负盛名的是鱼龙和蛇颈龙。

鱼龙、剑龙、鸭嘴龙、雷龙、梁龙等恐龙，都是中生代的大型动物，它们中有的身长达20多米，体重30多吨，抬起颈和头有三层楼房那么高。在当时的陆地上，身体巨大的食肉恐龙主要以一些体型相对较小的爬行动物为食。

鱼龙是生活在三叠纪至白垩纪的一类海生鱼形爬行动物（已经灭绝）。身体呈纺锤形，像海豚。四肢已进化成桨形的鳍，尾巴也变成新月形的尾鳍，成为游动时强有力的推进器，它的游泳速度很快。它的背上有条肉质的鳍，是游泳时的平衡器。鱼龙体长2～20米，没有颈，头部与身躯浑然一体，嘴很长，牙齿尖利，最多可达200颗。鱼龙的视觉和听觉都很发达，能够敏捷地追捕海洋中的鱼类及其他动物。

鱼龙是一类高度适应水生生活的爬行动物：具有流线型的体形和桨状的四肢，这样的身体结构有利于快速游动。鱼类和乌贼等都是它们的美味。

19世纪，在德国南部的霍斯马登附近，人们发现了肚子里有胚胎的鱼龙化石。这证明鱼龙这种已经非常特化的爬行动物并不像其他大多数爬行动物那样属于卵生，鱼龙的卵在母体内孵化，等小鱼龙一出世就能独立生活。这就是卵胎生现象。

1814 年，一名 12 岁的英国小女孩在英吉利海峡岸边发现了一块完整的鱼龙化石，人们据此才知道了鱼龙的大致模样。著名古生物学家居维叶曾形象地说：鱼龙具有海豚的吻部、鳄鱼的牙齿、蜥蜴的头和胸骨、鲸的四肢和鱼类的脊椎。

蛇颈龙主要生活在早侏罗世至晚白垩世的海洋和大湖里。是一种蛇身龙体形如龟的水生食肉爬行动物。据说，早期的蛇颈龙身体较小，后来慢慢变大，到白垩纪末达到顶点，有的身长达到 14～15 米。它们的四肢已经变成很适合游泳的鳍。蛇颈龙牙齿锋利，灵巧的长脖子使它的头可以在半径为 6 米的范围内自由摆动。蛇颈龙和鱼龙大概是那个时期海洋中的霸王。不过，当它们休息或遇到敌害时，能够登上陆地，这是鱼龙所不具备的。

蛇颈龙是进化得相当成功的爬行动物，它们身体扁宽，配上长长的脖子，小小的脑袋，就像一只海龟的头镶嵌在长蛇身上，蛇颈龙有鳍状肢，游泳方式与海豹类似。蛇颈龙的脖子可达身体的一半长。鱼和菊石等是它们的主要食物。

有一种叫作霸王龙的食肉恐龙前肢短小而退化，后肢强壮有力，下颌粗壮，牙齿锐利，那一排排稍稍弯曲的牙齿呈锯齿状，据说这种庞然大物十分凶猛可怕。

雷龙有四条粗壮的腿，脚趾也较宽大，据说它们走起路来会发出雷鸣般的响声，雷龙之名由此而来。它们有着很长的颈部，头又特别小，鼻孔长在头颈，牙齿细小，尾巴很长，常常把自己的下半身浸泡在水中，以沼泽地的水草为生。

剑龙是鸟臀目恐龙中的一种，大致兴盛于侏罗纪前后。它们头部狭小，颈部粗短，肩部很低，四条腿十分粗壮，背部向上拱起，沿背脊两侧交错排列竖起两排三角形的骨板，可能有拟态作用。尾巴上还有两对很长的骨质刺棒，它是专门对付敌害的武器。

剑龙身长约 6 米，用四肢行走，行动迟缓。它们的脑容量只有100 克左右，而在它的臀部脊椎里有一个神经结要比脑子大得多，由它控制后肢和尾部的活动。剑龙牙齿较小，以吃植物为主。

以植物为食的鸭嘴龙起源于侏罗纪，到白垩纪已发展到了高峰。

它们在沼泽地里生活，脚趾间带蹼，下颚扁平，颚上长有 2000 多颗牙齿，用来咀嚼食物。鸭嘴龙属鸟臀目恐龙，它们头部长而扁，嘴巴扁平，像鸭嘴，鸭嘴龙的名称即缘于此。它们主要生活在白垩纪。鸭嘴龙身长 3 ～ 15 米。1964 年在中国山东诸城发现了巨型鸭嘴龙化石，身长 15 米、高 8 米，体重约为 30 吨。

鸭嘴龙前肢短小，后肢粗壮，由于有强有力的尾巴作支撑，可以轻而易举地用后肢站立和行走。鸭嘴龙化石上显示其前肢趾间有蹼，其应该是生活在沼泽里。据说现在已经发现了鸭嘴龙行走时留下的脚印化石，因此有人认为鸭嘴龙幼年时在水中生活，成年后就可以在陆地上生活了。

生物之间有和平共处的可能，也有自然竞争的必然。史前动物为了生存而互相搏斗、推撞和抓咬，将对方当作食物吞食。在搏斗成性的中生代动物中，较强大有力的是霸王龙，其次是巨齿龙。

巨齿龙是生活在白垩纪晚期的一种巨型兽脚亚目恐龙，其身躯长达 17 米，直立时高度约为 6 米。它们具有窄而深的头，头骨长 70 ～ 80 厘米，靠 "S" 形强烈弯曲的颈部和长长的尾巴来平衡它的短躯干。它们都用像鸟一样的后肢直立行走，身上可能披有角质的鳞，头上一般饰有小的角和隆嵴，颚骨上布满与众不同的剑状牙齿。巨齿龙的名称也由此而来。

食肉龙可以说是动物界的懒汉，一生中的大部分时间都在睡觉，每天大约有 20 小时在睡眠中度过，尤其是那些捕食大型动物的恐龙。它们在快速饱食后就开始睡觉，一直睡到感到饥饿时才会醒。食草恐龙就不同，它们必须不停地进食才能满足身体的营养需要。

巨齿龙类留下的化石足迹展示了它们生活方式的另一个重要侧面。研究发现，一些巨齿龙的足迹和相邻的另一些蜥脚类足迹平行，这种情况并非巧合，虽然有些足迹群可能是动物沿着河湖岸边迈向同一方向造成的，但多数情况是巨齿龙类成群结队地奔跑形成的。

除了捕猎，群居生活在繁殖方面也起着极其重要的作用。很多爬行动物都是产卵之后就不管了，任其自然孵化。通过对包括巢的结

恐龙时代

构、蛋和骨骼在内的化石遗迹的研究发现，许多食草恐龙常形成繁殖群，而且这种繁殖群有时候非常大，说明它们很细心地照看着后代，至少要把幼体抚养到能基本独立生存时才会离开。

2. 飞上天空

"飞上天空"是脊椎动物进化史上的第五次飞跃，这意味着脊椎动物进一步扩大了自己的生态区域。

在恐龙占有统治地位的时代，有一类动物始终占据着天空。它们飞上天空的时间比鸟类早了 7000 万年，是中生代真正的空中霸主，它们就是翼龙（*Pterosauria*）。翼龙是地球历史上最早的会飞行的脊椎动物。

不过，需要澄清的是，翼龙并不属于恐龙，而是一类非常特殊的爬行动物，具有独特的骨骼构造特征。翼龙并不能像鸟类那样自由地、长距离地翱翔于蓝天，它们只能在其生活的区域附近，如海边、湖边的岩石或树林中滑翔或飞行，有时也在水面上盘旋。

翼龙包括两大类：早期的喙嘴龙类比较原始，主要生活在侏罗纪，有一条很长的尾巴；晚期的翼手龙类主要生活在白垩纪，尾巴很短甚至消失。

翼龙属于爬行动物，而且很可能是温血动物。越来越多的化石证据表明，一些翼龙为了适应飞行的需要，已经具有内热和体温恒定的生理机制、较高的新陈代谢水平、发达的神经系统，以及高效率的循环和呼吸系统，成为一类最不像爬行动物的爬行动物。

翼龙又叫"飞龙"，顾名思义，它们是一种会飞的爬行动物。研究化石发现，它们的骨骼中空而轻，头骨低平而尖长，嘴很长，视觉灵敏，胸骨发达，有像鸟一样的龙骨突。

翼龙是与恐龙同时代的会飞的爬行动物，它们虽然不是恐龙，却是恐龙和鳄类的远亲。翼龙类大约是从 2.25 亿年前的三叠纪末开始适应空中生活的，是历史上最早克服地球引力的脊椎动物，并在地球上生活了将近 1.6 亿年，最后与其同时代的恐龙类及其他多数爬行动物同时灭绝于约 6500 万年前的白垩纪末期。它们独特的骨骼构造引起了古生物学家的极大兴趣，同时也为我们带来了许多研究课题，如翼龙的起源、形态学、生理学及生活习性等。

从已发现的化石看，翼龙种类繁多、形态各异，但它们的一般结构是一致的。化石记录告诉我们，翼龙体重最大者约75千克，最小者仅为4克，比蜂鸟稍重一些。所有的迹象表明，翼龙类是卵生、温血和聪明的动物，其许多特征都与鸟类相似。

翼龙的前肢第四趾较长，与体侧延伸出来的皮膜相连形成无羽的"翅膀"。第五趾已退化消失，其余三趾很小，前端有爪。它们一般以海湖边的鱼虾为食。

前文已提及，根据翼龙尾部的发育情况，可以将它们分为两大类，即长尾巴的喙嘴龙类和短尾巴的翼手龙类。喙嘴龙类生活在侏罗纪，比较原始，身长约80厘米，嘴里长着向前倾斜的牙齿。尾巴长，尾端带有一块与苍蝇拍一样的膜，可能是在飞行时用来控制身体平衡的。翼手龙类则是从喙嘴龙类进化而来的，它们大约生活在侏罗纪晚期到白垩纪，它们的牙齿已经退化或完全消失，尾巴很短。头骨向前后伸出呈冠状突起，身体不大，但两翼展开时最长可达8米。

最早的翼龙化石是从德国巴伐利亚地层中找到的。当时的科学家一时无法将这个构造十分奇特的海生动物归类，于是请来了法国古生物学家居维叶（Georges Cuvier，1769—1832）。看了这个标本后，居维叶认为这是一只会飞行的爬行动物，随即将它命名为翼手龙。那一年是19世纪开始的第一年。

20世纪70年代初，在美国得克萨斯州白垩纪晚期的地层中发现了一种巨型翼龙化石，它的两翅展开时超过10米，它的下颌骨长约1米。这是迄今所发现的世界上最大的飞行动物。它们飞上蓝天时可能有一架中型飞机那么大。

它们用进化成类似于蝙蝠状的前肢去捕捉昆虫和鱼虾等动物。根据推测，它们最先可能是跳跃式地行走，由于巨大翅膀在空气中的浮力和滑翔作用，它们跳得轻松，落地自如，最终能够在林间飞行。它们的祖先飞上天空的时间约在三叠纪晚期。

3. 从符号到图腾

英国生物学家赫胥黎（Thomas Henry Huxley，1825—1895）在《类人猿的自然史》一书中说："古代的传说如用现代严密的科学方法去检验，大都像梦一样平凡地消失了。但奇怪的是，这种像梦一样的传说往往是一个半醒半睡的梦，预示着真实。"

在中国，龙是家喻户晓的图腾，在古代文物中，在当代的建筑、器皿、织物、图片中，龙已经演变为一种抽象的符号。在最早的甲骨文及稍后的金文中，龙就已出现，从其结构来看，应属于象形字。

从人类学角度和文化层面看，龙集中了自然和社会两方面的属性，中国古代的神话和历史与龙有着千丝万缕的联系。"真龙天子"这四个字充分反映了龙在古代中国人心目中的地位和作用，那是绝对不可以亵渎的。从进化生物学的角度看，恐龙和人类之间的关系肯定非常复杂。从结构和属性看，龙这种理想化了的图腾符号高度集中了自然界一些动物的特征，从而成为古代人心中神圣而高不可攀的崇拜对象。

4. 化石留痕

恐龙脚印与恐龙化石一样，为研究古气候、古地理划分及对比地层提供了很多信息，同时对探讨恐龙的生活习性、身体特征和外部形态等也有重要的参考价值。足迹是遗迹化石的一类，它已经成为一个专门的学科，称为遗迹学（Ichnology）。

恐龙足迹大多出现在水体边缘地带，其位置紧靠着湖边。湖水不深，湖边是茂密的丛林，由于季节性的降雨，湖水时涨时落，形成了很有规律的砂岩、细粒粉砂和泥岩沉积。通过测量这些足迹的移动和变化方向，人们几乎可以标出古海洋与古湖泊滨岸线的精确位置。

根据足迹变化可以准确地判断出，在有些情况下，同一组行迹内各个足迹的深度是有变化的，足迹深浅因动物所踏踩的地表物的含水量而变化。也就是说，足迹浅标志着地面干燥，足迹深标志着当时的恐龙是经由低洼浅水处走过的。

由于恐龙脚印可以反映许多信息，如在特定的遗迹类群中，恐龙足迹的大小可以反映恐龙个体的大小和相对年龄，脚印的深浅可以反映恐龙身体的体重及当时的沉积环境，足迹步幅可以反映其行走速度，等等。因此，研究恐龙化石足迹，可以使我们了解那个时代的恐龙所处的气候、环境和生活方式。

恐龙生活在地质历史的中生代。我们无法亲眼目睹恐龙下蛋的真实情景，而只能从化石蛋的排列方式上寻找线索。化石记录告诉我们，成窝的恐龙蛋大多是很有规则地排列出圆圈状，数层重叠，蛋的大头朝里、向上微翘，这样的排列有利于吸收阳光的辐射，容易孵化出小恐龙。可以看出，恐龙下蛋的方式在本能上具有相当高的技巧。

五、通向未来之路：哺乳动物的生存策略

最早的哺乳类动物在进化路线方面和最初的鸟类有某些相似之处，它们的身体表面也由鳞片演化为羽状，并长出了能保护体温的细毛。这使它们成为热血而能保持体温的动物。和鸟类不同的是，它们最终没有长成羽毛，而是披了一身厚厚的绒毛。同时，它们也不孵卵，而是将卵子永存在自己温暖安全的体内，一直到发育完全。这些新生命物种的出现是适应寒冷气候环境的结果。

从化石看，爬行动物和哺乳动物的区别主要体现在四个方面：①爬行动物的牙齿都一样，或全是尖锐的，或全是扁平的。而哺乳动物的牙齿出现形态分化，比如人类，有铲形的门齿，尖锐的犬齿和丘形的前臼齿和臼齿；②爬行动物的下颌残存着关节骨和隅骨，而哺乳动物的下颌由一块骨头——齿骨组成；③哺乳动物的四肢直立在身体下面（比如马），而爬行动物的四肢向两侧伸展（比如鳄鱼）；④爬行动物的肋骨在身体中部的脊柱上从头到尾分布，哺乳动物（比如人类）腰部前后没有肋骨，哺乳动物有了"腰"，也就是从脊柱上分化

出了腰椎，而爬行动物却没有。

　　哺乳类几乎都是胎生动物。新生命一落地，它们就担负起了保护和养育后代的责任，直到后代能够自食其力。这种生存环境最有可能培养它们的团结和互助意识。在这种温馨的环境中，培养了它们良好的集体观念和自保意识。

　　今天的大多数哺乳类动物都有乳房，它们是以营养丰富的乳汁哺育下一代的。生命演化新的一幕正在拉开，一个充满了梦幻意识和浪漫色彩的时代将要开始。这是一个动物的生命意识和复杂感觉开始萌芽的时代，是一个懂得珍惜也知道厌恶的时代。它们的进化方向给原始感情的积累带来了更多希望。

　　现在仍存在两种产卵的哺乳类动物，它们没有乳房，而是靠皮下分泌的养料养育后代：一种是鸭嘴兽，另一种是食蚁兽。母鸭嘴兽没有乳房和乳头，只在腹部有一片乳区，像出汗一样分泌乳汁，小鸭嘴兽就爬到母亲的腹部舔食乳汁。观察发现，食蚁兽的卵产下后就被放进舒适安全的温囊内，直到小食蚁兽孵出为止。

　　在整个中生代，鸟类和哺乳类远不如爬行类普遍和繁荣，它们是一些居于次要地位的"怪模怪样"的家伙，这些未来生命的祖先在种类繁多的爬行动物中间小心谨慎地生活着。

第九章

消逝的辉煌

　　中生代长期繁荣之后的衰落缘于地球环境的巨变，一些生物种类或者发生了某些性状的变异，或者彻底灭绝。

　　在这样的环境中，新的物种也不断涌现。它们在生存或毁灭的危机中，竭尽全力去适应新的环境，或者最后还会被淘汰而灭绝。这就叫作自然规律作用下的无可奈何的选择。

一、阴云沉沉

纵观自然的进程和生命的历史,人类大概会感慨万千。根据可靠的化石记录,爬行类动物前后绵延存在了 3 亿多年,这是一个漫长的时间。生活在这悠悠岁月中,生命短暂的人类是无论如何也不会想到生命会有灭绝的那一天。

但是,时间之箭会穿透一切,大地的脚步会抹去一切浪漫的记忆,自然的力量会悄无声息地改变着一切,宇宙在运作中慢慢积累的能量使一切存在都变得短暂而无望。

有一天,当美丽的夕阳下只剩下了艾略特(Thomas Stearns Eliot,1888—1965,英国诗人、剧作家和文学批评家)的荒原和荒原上奇形怪状的岩石在风中唱着忧伤的歌,当所有人类的创造都在地球上空的浓烟密雾中消失殆尽,当 DNA 的双螺旋结构扭曲变形、生命的歌谣突然中断,也许你会悲从中来。

> 永恒是不存在的。
> 作为生命出现在这个世界上是不幸的。
> 孤独永远伴随着你。

你也许会想到古埃及人通天的愿望、会想到古希腊悲伤的诸神、会想到古代中国春秋战国时期硝烟弥漫的大地上如风吹牛角一样的号声,也许还会想到英雄们带泪的微笑。

这美丽的世界，你曾痴情地迷恋过。翻过一座又一座山，蹚过一条又一条河，你抬头一看，却是满目疮痍和荒凉。这一切或许暗示了什么，存在的终极目的就是消亡。正如那个俊美如天使的跛脚诗人拜伦（George Gordon Byron，1788—1824，19 世纪初期英国伟大的浪漫主义诗人）所说：

> 我们由国王治理
> 由导师教导
> 由庸医诊治
> 然后就一命呜呼

几百万年又几百万年的时间过去了，就在弹指一挥间，地球的生境发生了巨大变化。平地改貌，山海移位。沧海与桑田的演变在永恒的时光背影中无声地进行着。

菊石类在中生代末期出现了不少变种。它们在维持自身存在的同时也确立着在自然界中的地位。鹦鹉螺、乌贼和章鱼都是它们的亲戚。古生物学研究结果告诉我们，菊石在整个中生代始终生机勃勃，时间延续了大约 2 亿年。箭石和厚壳蛤等也是到了中生代末才彻底灭绝的。化石研究表明，厚壳蛤灭绝时还正处于其演化的巅峰时期，这只能解释为一场突然降临的环境灾难。

这个时期，生命界出现了几百万年的空白，埋在泥土下的岩石模糊而暗淡，这些伤痕累累的岩石记录能够告诉我们的，似乎是突发的洪水和原始的冰山频繁地刻蚀着地球的表面，是遥远宇宙的一次星际灾难的连锁反应，如大地之上终年的狂风和严酷的冬天在岩石上留下了丝丝痕迹。那时的气候形势用"摧枯拉朽"来形容是很精当的。

阳光还是原来的阳光，天空还是原来的天空，但是，地球的自然环境已经发生了深刻的变化。当时，很多生命对新的生存条件的艰难适应与选择最终都是徒劳的，从此之后便销声匿迹了。也许当时的地球经历了一个无法逃避的死亡历程，才在一瞬间虐杀了这些中生代的生物。舞台的幕布又一次拉上了。

二、深情回望

当大幕再次拉开时，爬行类动物时代已经结束。蛇颈龙、梁龙、霸王龙、剑龙、鸭嘴龙、雷龙、鱼龙、翼指龙等大小恐龙及菊石、箭石类等全部消逝，连一个残存的后裔都看不见。它们的音容笑貌，只能靠人类发达的头脑和丰富的想象力来展现了。

或许可以这么说，一个只能生存在温热潮湿地带中的生命是不可能长存于世的。这实质上意味着一旦自然环境发生较为猛烈的变化，它们就会被淘汰出局，灭绝是不可避免的。这很有可能就是白垩纪生命大灭绝的重要原因。

苏铁类和热带松柏类植物等相继退出了生命的舞台，代之而起的是在深秋能自动落叶以适应酷冬气候的树木及开着各色小花的灌木类。曾经是爬行类动物深居简出的地方现在却充满了鸟类和哺乳类生命的闹音。

崇高如巍峨的安第斯山脉，荒凉如直逼蓝天的青藏高原，大自然以它辽阔、原始的存在撩拨着人类敏感的神经，在诸如崇拜与敬畏的原始心理驱使下创造着一个细腻娇弱的世界。山川河流、湖泊海洋、荒漠古堡、深穹幽雁等，自然界的无穷变化给人类一种崇高而悲壮的美、一种静态和安详的美。

英国浪漫主义诗人济慈（John Keats，1795—1821）对自然的膜拜在他那清丽如水的抒情诗中表现得极其充分。

碧空如洗
袒露着它永恒的胸怀

> 夏夜的露滴
>
> 在静悄悄地凝结
>
> 为了使清晨更显得珍奇
>
> "美"都苏醒了
>
> 何以你们仍在睡梦中双目紧闭
>
> ——《济慈诗选》

英国著名浪漫主义诗人雪莱（Percy Bysshe Shelley，1792－1822）对自然的崇高和庄严钦佩至极，他的诗歌充满了静谧和抒情的风格，他对这个大地的原始景色梦寐以求。正是这些激发了他对音乐的特殊敏感和品味，也使他在自然的沉默中能够抒发出生动有韵味的咏叹。雪莱的诗歌世界也是一幅动态的、富有生机的水墨画儿，处处散发出一种生动的、亲切的、充满了生命情调的淳朴和美丽。

> 太阳温暖，天空明净
>
> 波光粼粼的大海舞涌不息
>
> 蓝色的小岛，积雪山岭
>
> 承受着自然庄严的威力
>
> ——《雪莱诗选》

200万年前的世界大概就是这样。那时，地球历史上的第四纪大冰期刚刚开始，新生代生命的繁荣与山水俱全的原始景致创造了一个令人难忘的世界。

> 一切都是生物，是颤动着的物质，
>
> 那些咬啮着的肉食的花瓣，
>
> 赤裸裸的大量的堆积，
>
> 孕育种子的植物的搏动，
>
> 潮湿而透明的雪，

不停息的蓝色的风，

摧毁着生物的险峻的界线。

——《聂鲁达诗集》

智利诗人巴勃罗·聂鲁达（Pablo Neruda，1904—1973）的诗歌语言有时清澈如流水、有时汹涌如海潮。他的这几行诗就像毕加索的绘画，在抽象和静态的表层后闪射着人类智慧的冷光。从一个时代走向另一个时代不用宣言，也不用商量，一切变化都在表面静止如画的气氛中进行着。

时光如梭，岁月如梦。在永恒的流逝和水样的波动中，生命世界必然要沿着深刻的规律向前发展。在自然与历史的匆匆流逝声中，毁灭与新生的辉煌永远伴随着寂寞的生命。

在一定意义上，或许可以这么说，灭绝也是一次辉煌的展示，是客体的宇宙与主体的精神碰撞后产生的绚丽花火，生命形式的变异与演化是自然选择和生存竞争的美丽叠印。

三、昨天的太阳

时间是大自然创造奇迹的一把刻刀。人类最初对时间的理解也许是模糊的，那大约是受到了河水流动、日月星辰的周期性运转、季节的变化及各色生命从创生到繁荣再到衰亡等自然因素的启发。人类真正对时间深度和悠久历史的准确理解是在研究了化石和地层之后获得的。在物理学中，时间的概念却仅仅是物质存在与运动的一种方式。

拉马克曾经写道："在我们居住的星球上，万事万物都在发生不断的和无法避免的变化。这些变化遵从自然界的基本法则，由于变化的性质和个体在其中所处的地位不同，而或多或少受到变化速率的影响。然而，这些变化都是在某一个时期完成的。对于自然界来说，时间成了一种法力无边的手段，既可以完成微不足道的琐事，也可以完成最伟大的功绩。"

只要有足够的时间，日常的风化剥蚀作用也会把高山变为平地；只要有足够的时间，生命演化的结果远远超乎人类的想象。突然的质变会在不同的层面上重复多次。

研究地质结构和古生物学的人都知道，地层记录并不是一本可以逐页阅读的书，而更像一部在风雨雷电中飘扬卷曲的手稿。地质记录模糊而零散，只有我们冷静分析和科学阐释，才可能寻找到昨天的生命遗迹。

在代表白垩纪末期的地层中，人们发现了许多十分独特的化石，诸如以翼指龙、鱼龙、鸭嘴龙等古代恐龙类为代表的珍禽异兽，它们的形象叠印在了化石的细纹里。

正是它们的存在才把我们关于古代生命的想象推到了一个全新领域，才把我们关于逝去空间的认识推到了一个更深的层次，才给我们关于宇宙自然的观念赋予了更加广泛的内容。

天空中的小鸟游荡在时间的边缘，一种安恬与和谐永驻心间。自然的倩影不会消失，生命的声音随波翻卷，一切存在也许会永远存在下去。

但是，时间的飞轮只是轻轻一转，一切便如泡沫般不复存在，连它们曾经存在过的影子也不会再出现。在中生代以后的沉积物中，像恐龙那样的庞然大物和菊石类那样小巧玲珑呈盘旋状壳体的浮游生物的化石突然不见了，此后的地质记录中再也没有出现过它们曾经存在的任何痕迹。这些在特殊的自然环境中独领风骚 1 亿多年的生命种类到哪里去了呢？

灭绝是它们唯一的选择，那应该是一场突然降临的灾难。环境的剧烈变化引起了生存的深度危机，一个生命群体的大灭绝不可避免。

达尔文在《物种起源》中说过这样一段话："每一种经过选择、证明可以适应环境的生物种属在数量上将日益增加，不适应环境的种属则不断减少，直到成为罕见的种属。地质学和古生物学研究表明，罕见就是灭绝的前奏。我们还可以做出进一步推论，由于不断缓慢地形成新的种属，除非我们相信物种数目会永无限制地增加，否则总有物种是要灭绝的。"

动物生活习性和形体的特化、生理结构和功能的退化是一个物种衰老的明显信号和象征。它们一般适应环境能力极差，在生存竞争中，这一类生命的灭绝不可避免，它们迟早要退出生命历史的舞台。像形体庞大且结构特异的恐龙、食性单一的熊猫，对地球气候的适应范围极窄的一些现代哺乳类都是如此。

中生代早期的繁荣时时让我们倍感激动，然而这种繁荣终将成为历史。但我们却能感受到那种生命的激越和跳动。生命的喧声永存于世，田园牧歌永唱不衰，生命的偶像美丽如鲜艳的花儿。

大自然魅力无穷——高山巍峨、河水清澈、天空湛蓝、白云悠悠。你一定会哀怜曾经有这么多的生命走过了历史的高原，把迷乱的梦留在了空灵的大地和深沉的海洋。那清丽的声音、那不断飘逝的景致曾经重叠着太阳的光影，在一望无际的大陆腹地绽放过：

> 高山草甸
> 深海平原
> 都是昨天的风景
> 沧桑的古道上
> 生命已经走过
> 只留下一片绝世的美色
> 在梦幻的原野
>
> 啸声如潮
> 歌声如潮
> 阳光只是匆匆一闪
> 便模糊了所有的印迹
> 不再有祈盼

不再有远山的呼唤

感动沉默的高原

我走近你

你又从我身边走过

美丽的舞台布景

正在被雨水淋湿

岩石对大海说

走开，走开吧

于是，我不再打扰你

心灵静如旷野

我开始听到一种声音

充满了生命的柔情

它正在离开我们

向昨天飘去

飘得很远、很远

……

《昨天的风景》（笔者发表在《黄河文学》2010 年 4 期）

四、大　灭　绝

　　曾称霸地球 1 亿多年的恐龙在约 6500 万年前的中生代白垩纪结束时突然从地球上消失了，几乎没有留下任何痕迹。而且，大约有70% 的物种也在那次灭绝事件中消失。在生命历史上，这是一次空前的灾难性事件。它直接导致恐龙从地球上消失。同时，彩蜥、菊石、箭石及大多数有孔虫也在这次灭绝事件中淡出了生命历史的舞台。

生物灭绝不能用正常的生物演化规律来解释，灭绝的结果经常表现为在一个有限的时间和空间里生存的生物物种的明显减少，反映在沉积地层中，就是动植物化石骤然变得稀少。在那样的灭绝过程中，一些生物属种永久地消失了，劫后余生者经过一段不长的地质历史时期后很快适应了新的环境，进化得以继续进行，而且速度还会更快。它们随后就会迅速和大规模地发展起来，形成新的繁荣。

据说一般哺乳动物的平均寿命也就是几百万年的时间，从这个标准来看，人类这个生命群体也是有一定期限的。在人类之后，肯定还有一些对环境的耐受力、自身繁殖力极强的物种存在。

对此，人类无须悲观，也不要异想天开。生活在当今世界的人类应该怀有深刻的危机感和忧患意识，应该有一种建立在顺从自然基础上利用自然的体制和机制。

另外，有一些物种的寿命却又是如此漫长，如北美负鼠的直系祖先在中生代就已经悠悠地生活在地球上了。另一种已经延续了3亿年生命青烟的蟑螂仍然十分惬意地"浪荡"在这个世界上。巨大的水杉是从一种2亿年前的古树进化而来的，银杏则至少还要比它早5000万年。还有一种叫作海豆芽（*Lingula*）的小型腕足类动物，在5亿多年前的寒武纪生命大爆发时期多细胞生物刚刚出现时即已根植于海底，今天的海洋中仍能找到其活动的踪迹。

人们曾经发现过木乃伊化的鸭嘴龙遗体，其革状的皮肤保存得相当完整。这说明鸭嘴龙当时生活在相当干旱的大陆上，一旦它们死去，被埋在太阳下的沙地里，就有可能木乃伊化。在它们的胃里能找到干旱地带低矮灌木的细叶。

鸭嘴龙远离水域，这些尾巴粗长、前肢细短的怪物喜欢成群结队地生活。它们或漫步于草原，进食各种草类和树叶，或者偶尔跃上小山，大张着笨拙的鸭嘴发出声声怪叫。我们从来没有听到过这种叫声，也绝对想象不出那声音是美丽还是阴森，或许会带有浓重的鼻音，像今天在水中游戏的鸭子。据说它们头上的饰物并非是为了进攻别人或保卫自己，而是一种吸引异性和寻求爱情的标志。鸭嘴龙已经进化得有点意思了。

恐龙往往有固定的聚居地，那些水草丰美、其他小型动物时常出没的地方也是它们最爱光顾的。它们似乎已经学会了保护幼小和团结互助的生活方式，它们的智力在当时大概是最好的。

这些白垩纪大灭绝时最有智慧的物种在生命的幕布即将拉上时，可能还没有任何思想准备。因此，白垩纪末期的生物大灭绝可能是环境灾难的必然结果。关于这一点，有孔虫（Foraminifera）的灭绝或许能提供某些证据。

有孔虫是一种单细胞的浮游生物，有一些种属栖居海底，称为底栖有孔虫；另一些种属则生活在大洋表层，称为浮游有孔虫。有孔虫化石在早寒武世的古老岩石中已经存在，但大型的底栖属货币虫（Nummulites）却仅见于古近纪地层。自白垩纪中期以来，有孔虫的演化极其迅速，至白垩纪后期达到顶峰。但是，到新生代古近纪刚开始的时候，有孔虫突然灭绝了。它们像一幅美丽的画面一样突然从屏幕上销声匿迹，在新生代的动物群中再也没有出现过。对这个灭绝事件的最好解释是一次环境灾难的突然降临。

通过对从含最后一批恐龙化石的砂岩和页岩中所取得的白垩纪末期灭绝事件的大量放射性同位素的年龄分析，得出恐龙灭绝一般发生在6500万年前，有少量则苟延残喘到了6300万年前。在地质历史中，200万年的时间是十分短暂的。在这个相对短暂的时间内发生的变化就是突然的了。

关于恐龙的灭绝，人们已经提出了许多的观点和假说。下面是一些比较典型的说法。

1. 食物中毒

英国皇家植物园的化学分类学家斯温认为，早期的蕨类和松柏类植物都含有大量单宁酸（Tannins acids），单宁酸显然对恐龙无害，因为这些植物是许多食草动物的基本食物。到白垩纪中期，被子植物蓬勃发展，成为植物世界的主角，当然也就成了食草恐龙的主要食物。其中的有害物质是生物碱（Biological bases），生物碱略带苦味，中等剂量即可致病，食用过多足以致命。斯温认为恐龙食量超群，因此提出恐龙是由于食物中毒死亡而招致灭绝的。不过，一想到恐龙的灭绝是在被子植物出现几百万年之后才发生的，中毒说就显得有些荒诞。同时重要的是，当时灭绝的生物除恐龙类外，还包括多种爬虫类、海洋无脊椎动物、哺乳动物和鸟类，甚至还有几种被子植物。食物中毒导致大灭绝的说法就更显得缺乏依据了。

2. 食物链中断

这种观点认为，恐龙不是中毒身亡，而是死于饥荒。研究发现，白垩纪末期超微浮游生物也曾发生大规模的灭绝事件。超微浮游生物的灭绝与其他生物类群的灭绝在时间上的巧合，启发加利福尼亚大学洛杉矶分校的微体古生物学家黛潘思考这些现象之间的因果关系。她注意到光合浮游生物位于食物链的最底层，而根据生物学家哈维的估算，年产 100 吨光合浮游生物才能支持 70 吨像有孔虫那样的浮游生物生存。后者可供 4～7 吨鱼维持生计，这些鱼又可保证 300 千克的食肉动物一年的食物。如果光合浮游生物的产量锐减，就会引起一连串的连锁反应。

在海洋表层，大多数单细胞光合浮游生物在白垩纪末期发生灭绝引起食物链崩溃，恐龙只不过是最后的牺牲者而已。食物链崩溃必将使其他生物陷入饥荒。巨型食肉恐龙胃口奇大，无疑是这场饥荒首当其冲的牺牲品。

这种观点有两个明显缺陷：一个是把主要起因归结为生物产量下降，回避了问题的实质，即对生物产量下降原因的深层追问；另一个缺陷更为严重，众所周知，与恐龙同时代的大型海洋爬行动物以鱼为食，如果光合浮游生物的产量下降，它们很有可能死于饥荒。但恐龙却是陆生动物，食肉恐龙以食草动物为食物。浮游生物因为海洋营养不良而死亡，大概不会影响恐龙通过繁盛的陆生植物解决温饱问题。

3. 冰期灾难

这种假说认为恐龙灭于严寒。古生物学家发现，在距今最近的 1 亿年中，地球气候曾出现变冷的趋势。中生代时，全球气候温暖，热带和亚热带植物的分布几乎接近两极。后来，一次突然而至的冰期导致了一场危机。恐龙本来是在一种温暖气候中发展起来的，只能适应慢慢变冷的气候，不幸的是，气候在短时间内发生了剧烈的变化，冷血而且身体庞大的恐龙由于无处藏身终于抵挡不住寒流的袭击，纷纷倒地身亡。

想一想今天的鳄鱼、蟒、鬣蜥和乌龟等都只能生活在温暖的气候带。对这一假说我们也能做到某种程度的认可。不过，也有人认为，在高纬度地区，诸如榆树和山毛榉之类的落叶树密布成林，根据这一情况判断，恐龙度过的冬天并不太寒冷。有些较小的恐龙，只有鸟类和猫那么大，在演化过程中形成了隔热的羽毛。这些特征为其后代所继承，就发展成为鸟类。而且相当多的古生物学家认为，在某种程度上，恐龙几乎都是温血动物，在一个温度变化的环境中，它们保持体温应不成什么问题。这种观点在一定程度上不利于恐龙灭于严寒的假说。

关于这次突然而至的冰期和寒冷，似乎仍可归因为星际灾难，是一颗巨大陨石或彗星撞击地球所致。撞击之初是高温热浪，但随之而来的则是气温的遽然下降（那大概是弥布地球上空的巨厚微尘阻隔了太阳的光线，以及水蒸气凝聚和冰化等造成的），迎来了漫长的寒夜和酷冬。高空中水蒸气凝聚后，就以雨滴或冰雪的形式降落在大地上，一般来说，先是倾盆大雨，尔后是鹅毛大雪，这种天气状况也许会持续几个月以上。当太阳再一次展颜一笑时，地球表面的大部分已经是一个千里冰封、万里雪飘的白色世界了。

严酷的气候要持续很长时间。在这期间，雪的融化相当缓慢。它们进一步凝固为冰，这些自天而降的冰雪反射着遥远太阳刺眼的光线。这显然又引发了一个冰期，这个冰期持续的时间可能不长，但它所产生的毁灭性力量却是空前的。包括恐龙在内的很多生物没有从这次灾难中坚持下来，它们纷纷倒地身亡。

芝加哥大学的恐龙专家瓦伦（L. M. Van Valen，1935—2010 ）认为，不是气候变冷，而是亚热带型植物向温带型植物的转变杀死了恐龙。他说，当中生代末期的冬天变得很冷时，许多亚热带的植物从地球上消失，并被温带植物代替。恐龙不但不适应这种植物，而且落叶树的增加使恐龙在冬天面临食物短缺的威胁。这才是恐龙灭绝的原因。

4. 海域面积的变化

白垩纪海洋无脊椎动物专家考夫曼认为，在马斯特里赫特[①]早期，海水侵漫陆地，陆棚全部成为碧波荡漾的鱼虾乐园。由于海水可以储存热量，所以海侵有利于改善气候条件。但是，温暖海洋的通气条件不佳，逐步导致了海水中含氧量的耗损，这会危及许多生活在热带浅海底的动物，由此引起生物的大规模死亡。以后发生海退，陆棚重新露出水面，于是气候转冷。由于某种未加深究的原因，冷海水的通风依旧不良，海水含氧量进一步减少。缺氧条件再加上气候寒冷，使浅海热带生物遭到了致命打击。马斯特里赫特早期开始的生物大规模死亡事件，终于在其晚期达到了顶峰。

5. 温室效应

研究发现，只要环境温度比美洲鳄生存最适应的温度高出几摄氏度，它们就会一命呜呼。冷血动物承受高温能力如此之低，其实不难理解，因为它们没有散发热量的有效机制，无法调节体内外的热平衡。

受此启发，微体古生物学家麦克林认为，恐龙灭绝于中生代末期的温室效应。即恐龙并非死于降温，而是死于升温。巨型恐龙及其他大型爬虫类，不管它们是冷血还是温血，只要气温高出正常环境10℃，就将因为无法承受热浪冲击而死去。即使升温幅度不那么大，也会影响生物的繁殖。雄性不育的原因之一就是精子过热。温度稍微升高，精

---

① 即中生代最后的一个时期，时间约为7000万年前至6500万年前，在其末期发生了白垩纪—古近纪灭绝事件，恐龙、蛇颈龙、沧龙等生物就在那时灭绝。

子就会失去传宗接代的能力。而且，对晚期恐龙蛋壳进行的病理学研究也证明，其中的许多蛋是未受精的不育蛋。

关于长期热浪的形成，麦克林认为，海洋中光合浮游生物大批死亡，导致大量二氧化碳释放到空气中，它能捕集逸向外太空的热量而使全球的温度升高。温室效应由此形成。但麦克林没有指出海洋浮游生物死亡的原因，这使他的理论存在着明显缺陷。

6. 星际灾难

美国古生物学家德·劳本菲尔斯（De Laubenfels）认为，最后一批恐龙是在一个巨大的陨星落地时，被爆炸产生的热空气杀死的。他认为，导致恐龙灭绝的热空气并非持续时间很长的热浪，而是一次短暂的冲击。当时赤道附近的温度接近水的沸点，高纬度地区温度亦可达50℃。炽热的风暴席卷大地，只有零星的小块地区得以幸免。环境如此恶劣，恐龙必死无疑。

其他大型爬行类也因藏身无地而遭灭顶之灾。乌龟有能力较长时间待在水中而幸免于难。鳄鱼也度过了这场浩劫。德·劳本菲尔斯说，可能是一堆鳄鱼蛋深埋在泥里，躲过了冲击。蜥蜴之所以能幸存，是因为它们能钻进岩石的缝隙或洞穴中躲避高温。蛇也因为藏身有术而未遭厄运。鸟类和哺乳动物的运气最好，因为它们生活在白雪皑皑的高纬度地区，即使是近于沸点的热空气，在吹到遥远的雪地之后，也会降到适宜呼吸的程度。在这次热浪过后，仍有足够的植物会留下来。不久之后，它们就又会生根发芽和开花结果。

德·劳本菲尔斯把这一瞬间世界末日的原因归结于击中地球的一颗巨大陨石。他认为，一颗直径100米、质量3000万吨的铁陨石就能引起这场灾难。这样一次冲击释放出来的能量，相当于3000万吨TNT炸药，或者相当于20万个轰炸日本广岛的原子弹。德·劳本菲尔斯是俄勒冈州立大学的古生物学教授，这位海绵化石专家平生著述不多，关于恐龙灭绝的文章是他的最后作品。据说文章发表后的第三年，他就与世长辞了。虽然他的假说还缺乏起码的证据。但他这种丰富的想象力还是吸引了相当一部分人。

陨石灾难极有可能发生。试想，一颗铁陨石突然从天而降，以快得无法想象的速度直冲地球，当它和陆地或海洋猛烈相撞时，将产生长时间震耳欲聋的啸声、令人窒息的热浪及范围广大的辐射，撞击之地的温度达到几百摄氏度，碰撞中心的温度则达到几千摄氏度，其他地区的温度也有 50 ～ 60℃，地球表面大部分地区的温度在一个短暂的时间内平均升高了十几摄氏度。

热浪席卷大地，环境日益险恶，巨大的恐龙类由于无处藏身，面临着死亡的厄运。而那些能在深水中生存的生物有可能躲过这场灾难，一些能钻进岩石的缝隙、深洞中的动物（如蜥蜴类）也能幸存下来。那些生活在海拔较高地区的鸟类和哺乳动物受到的影响最小，在那些地方，白雪堆积在兀立的高原上，湖水冰冷、空气凛冽，热浪长途跋涉后，温度也降得很低了。

《圣经》中说，上帝曾扔下火和硫黄之雨，于是罪孽之城顷刻化为焦土。虽然这个记载未必可信，但类似的灾难在地球历史上应该发生过多次。

据《中国科学报》1998 年 3 月 30 日报道，中国科学院紫金山天文台曾收到国际小行星中心的通报，一颗名叫 "1997 XF 11" 的直径约为 1000 米的小行星，将于 2028 年 10 月掠过地球。这颗小行星是美国基特峰天文台研究人员于 1997 年 2 月 6 日发现的。之后，日本天文学家又对它进行了两个月的跟踪观测，发现该星的轨道非常接近地球，体积也相当大，严重威胁着地球。国际小行星中心把它列为"对地球有潜在威胁的天体"。后来经过观测计算，进一步得出了令人震惊的结果：这颗小行星将于 2028 年 10 月 27 日北京时间 2 时 30 分，从离地球只有 4 万千米的高空经过。并且，由于该行星绕日运行的周期是 1.7 年，现在的计算还不可能十分精确。也就是说，这颗小行星可能会更靠近地球。

其实，小行星威胁地球的事件时有发生。1937 年 10 月的一个夜晚，在人们沉入梦乡之际，一颗小行星悄悄地从地球身边擦过。人们只是事后从天文望远镜拍下的照片上发现这一危险的。德国陶登堡天文台天文学家卡尔·利斯及其他天文学家将这颗小行星命名为海木斯，其直径为 1073 米，当时的飞行速度为 22 千米 / 秒。如果它与地球相撞，将会释放 1000 亿吨黄色炸药所含的能量，或相当于在地球上投 500 万颗像美国轰炸日本广岛那样的原子弹。

1989 年 3 月底，一颗前所未知的小行星险些与地球相撞。这颗后来被命名为"1989FC"的小行星，直径为 1600 米。如果它晚 6 个小时穿过地球轨道，那就正好与地球相撞。如果不幸成为事实的话，撞击后的地球将到处是熊熊烈火，高温、地震、海啸将会此起彼伏。类似于核冬天的可怕景象就会出现：地球上空被厚厚的浓烟笼罩，见不到太阳，大地一片漆黑，气温急剧下降，洪水泛滥，飓风肆虐，大批动植物死亡，人类也面临灭顶之灾。

1992 年美国航空航天局估计，运行轨道与地球交叉、直径在 800 米左右的小行星有 1000 ~ 4000 颗，直径在 90 米以上的有 30 万颗之多，其中还有 50 颗直径 5 ~ 10 米的小行星与地球的距离比地月距离还近。此外，太阳系中还有数以亿计的彗星。地球在分布着如此众多星星的空间穿行，发生偶然的碰撞就毫不奇怪了。

看来，在宇宙中漫游的地球犹如一叶扁舟飘忽在无边无际的大海里，会遇到风暴，也会碰到浪涌和暗礁。地球之旅绝非永远安全。地球诞生 45 亿年来，已经遭遇过多次其他星体的撞击。

在地球上寻找这样的撞击坑比较困难，因为地球表面约 70% 为海洋所覆盖，而陆地上的撞击坑也因风雨侵袭、地壳变迁、植被覆盖等而面目全非。即使这样，人们还是在地球上发现了 100 多个撞击坑，其直径从几十米到几百米甚至几千米不等。其中形成最早的约在 10 亿年前，最晚的只有十多年。

美国亚利桑那州的巴林杰撞击坑是世界著名的撞击坑。它的直径为 1300 米，深 180 米。加拿大魁北克省的撞击坑则是世界上最大的撞击坑之一，其直径约 70 千米。但是最具科学意义的还是在墨西哥尤卡坦半岛发现的撞击坑。

1968 年，诺贝尔物理学奖得主、美国著名物理学家路易斯·阿瓦雷兹（Luis W. Alvarez, 1911—1988）发现，距今 6500 万年的地层中，含有大量的铱元素，其含量高出其他年代几十倍。阿瓦雷兹认为，该元素可能源自地外。他知道，流星及彗星都富含铱。据此，阿瓦雷兹设想：约在 6500 万年前，一颗直径至少为 8000 米的流星或彗星击中地球并炸开一个巨大的陨石坑。之后，这一"不速之客"完全气化，一个巨大的火球上升至同温层，携带了巨量的粉状岩屑。这些微粒长久地悬浮着，形成的大气环流包裹着整个地球，遮天蔽日达数月之久。

在随之而来的寒冷黑暗中，动植物招致毁灭。当裹尸布般的尘埃——包括富含铱的彗星或流星残余物——最终落回到地球时，便形成了揭示真相的、全球范围的 K—T 边界黏土层〔K—T boundary，K 代表德文的 Kreide，是白垩的意思，T 意指第三纪（Tertiary period），是过去对相应地质年代的一种叫法，指白垩纪和古近纪之间的界限，富含铱的黏土层大约出现在 6500 万年前。这期间发生大规模的物种灭绝，包括恐龙和其他的动物族群，都遭受了灭绝的命运〕。

当时的许多科学家，尤其是古生物学家，对阿瓦雷兹的理论嗤之以鼻。他们坚持认为是气候的逐渐改变，如不断增强的火山活动等，导致了全球范围内恐龙的灭绝。

然而，10 年之后，人们终于在墨西哥尤卡坦半岛北端齐克卢卡镇发现了一个直径为 180 千米的巨大撞击坑，其产生的时间也在距今 6500 万年左右，与恐龙灭绝的时间正好相符。从此，阿瓦雷兹的学说得到了事实的有力支持，成为解释恐龙灭绝的重要学说之一。据说中国的第三大淡水湖——太湖也被世界地质学权威认定为彗星撞击所致。

那些含有相当数量氰化物等剧毒物质的彗星和地球相撞后，严重毒化了水域，使浅海地带大批的浮游生物纷纷死去，最终导致食物链崩溃。这些海洋浮游生物包括菊石、箭石、浮游有孔虫及超微浮游生物等。而深海中的一些底栖生物也许能躲过这场灾难。

大概只需要一个极其短暂的时间就可以完成这一毁灭性撞击，地球环境在一夜之间就发生了巨大变化，太多的生物种属在毫无准备的情况下坐以待毙。灭绝是必然的。

在那一时刻，地球被黑暗笼罩，光合作用也因此停止。但是植物有储存能量的本领，它们中的多数可以保持相当长一段时间不致死去，直到重见天日，光合作用又缓慢开始。

一颗巨大的彗星，甚至无须击中地球，就能够产生大量的尘埃，只要有一次比较接近地球的运行轨道，就能够在大气层留下足够的尘埃而招致完全黑暗。彗星撞击地球的大气层，还会给地球带来大量的水蒸气，使直径达几千千米的地区上空的同温层达到过饱和。这些水蒸气在以后的几十天时间内逐渐凝聚，以雨或雪的形式降落到地面上。这场雨或雪也许会持续几十天甚至上百天，那时，地球上将到处是洪水。

洪水泛滥，湖泊面积迅速增加，海平面升高，这一切都将意味着一个新的环境正在形成，它对地球气候的演变将起到至关重要的作用。气候变冷的结果意味着一个新的冰期的来临。它只能扩大生物灭绝的范围和加快生物灭绝的速度。

有一件与此有些关联的事，古代中国人把彗星叫扫帚星，意思是不吉利的一颗星，而且口口相传，不知经过了多少代人。好像他们早就知道彗星出现与生命灾难有某种神秘联系。在偏远山区的农村中，老人们最忌讳用火烧扫帚，也最忌讳把扫帚倒立着指向天空。在这说不清道不明的现象背后是否还隐含着人类意识中某种深层的恐惧、对天人感应的特殊敏感性、原始思维的某种互渗性及对远古时代这类灾难的朦胧记忆呢？

我们相信，人类的口传记忆能够达万年以上。人类早期朦胧记忆中的洪水故事可能是最近一次类似的灾难。

那个时候，长达几个月的黑暗完全是一种正常现象，一些生命通过休眠静待阳光，一些生命绝望地挣扎在水深火热之中，在毁灭与存在的缓冲地带培养着自己的耐受力，而更多的生命却没能坚持下来，它们先后倒在了生命进化的路上。

那些大型的食草动物或食肉动物（如恐龙类）都是直接或间接地依赖植物生存，在白垩纪末期地球的灾难中，有数月甚至更长的时间内不见植物的影子，它们因此而趋于灭绝。而那些包括新生的哺乳动物在内的小型陆生脊椎动物和鸟类等，食量小得多，况且它们还可以吃植物的果实、种子、昆虫和腐败植物，它们作为一个生命群体能够躲过那次灾难而幸存下来。

星际灾难的长期影响还包括大气成分的明显改变、海水的富营养化、陆地和水域的化学污染、臭氧层的破坏等，而且，它们的影响是多方面的、是互相交叉和错综复杂的，甚至还是互为因果的。这都会对生命的存在构成直接威胁。

我们知道，地球上的大气层主要由氮气和氧气组成，在通常温度下，它们相互间基本不发生反应。但在高温下，它们就有可能自相结合形成氮氧化物，氮氧化物再与水蒸气反应生成硝酸，而硝酸是酸雨的重要成分之一。同时，陆地上空微尘中的硫与氧气结合成二氧化硫，碳被氧化成二氧化碳，这些反应将要消耗异常大量的氧，同时会产生大面积长时间的酸雨分布。这就会导致化学污染。

化学污染可能是灾难的重要成因之一。有人通过计算得到，如果一个兆吨级的石质陨星以 14 千米／秒的速度撞击地球，产生的氮氧化物高达 10 亿吨。这还是一个保守的估计，彗星的运行速度要快得多。如果一个兆吨级的彗星以 40 千米／秒的速度撞击地球，氮氧化物的产量将增加 100 倍，即 1000 亿吨。如果这种计算没错的话，一旦发生这样的事件，用不了多久，地球大气层将被灾难性的氮氧化物（最终变为硝酸）污染。这还不包括别的污染成分，生命如果被如此恶劣的环境包围，大面积死亡将不可避免。

地球表面被死气沉沉的灰雾笼罩着。接着而来的就是酸雨，酸雨污染土壤、毁坏森林、虐杀动植物。可以想象，在 6500 万年前，当恐龙还是地球上最发达的动物时，由于自然灾变而形成大范围长时间的酸雨是极有可能的。其结果是造成了大量植物的枯萎和消逝，随后是以草为食的大量动物的死亡和腐败，紧跟着是食肉动物的灭绝。

在一个相当长的时期内，由于地球水体循环将更多的有机质带入海洋，这必然造成浅层水域的富营养化现象。一度使海水中的超微浮游生物极为繁盛，这其实正是它们走向大批死亡的前兆。浮游生物的大规模死亡造成死劫海。

另外，二氧化碳是生命过程中不可或缺的一种化合物，在所有生物的代谢过程中都有它的参与或释放。植物正是通过光合作用，才将二氧化碳和水转变成了组成它们细胞组织所必需的糖类。动物都直接或间接地依靠植物生存，它们死亡腐败变质后，又放出二氧化碳和水，最终返回到海洋和大气层。这很清楚不过地说明了食物链的中断加剧了生物连锁灭绝的速度。

我们还知道，植物光合作用产生的氧是大气中氧的主要来源，也差不多是氧的唯一来源。在当时暗无天日的长时间内，如果大部分陆地和海洋中的光合作用骤减，那就不难设想，大气层中自由氧的含量将明显下降。在当时的地球上，一方面是供应短缺；另一方面是消耗激增，这必然造成浅水域中氧的严重缺失。水中生物的大规模死亡已不可避免。

今天，我们都知道臭氧层对地球生命的重要性，它的基本功能是保护生物免遭强烈的太阳紫外线辐射的致命影响，这种强烈的紫外线辐射会引发一场紫外灾难。

彗星或陨石撞击地球肯定会造成臭氧层的严重破坏，使地球的臭氧层最终所剩无几。因此，在重见天日之后，强烈的紫外辐射直达地面，残存的生物又将赤裸裸地暴露在紫外线带（UV-B）的辐射之下，癌细胞将成倍增加，生殖细胞或发生变异或完全毙命。

异常的生殖细胞又将引起不孕、流产、死胎、先天不足及染色体遗传变异，这种遗传变异对生命的存在和发展会造成更加负面的影响，从而使它们的免疫能力显著下降，最终失去对各种疾病的抵抗能力。从这个意义上说，紫外灾难有可能是引起白垩纪末期生物大灭绝的重要原因之一。

幸存者将是那些能够忍受异常高强度紫外线的生物，它们或者潜入水里，或者躲在洞穴中，或者习惯于昼伏夜出。一些幸存者又逐渐地发生了适应新环境有利于自身发展的变异。

不难想象，灾难过后，是暂时的死寂和伤残，倒在地上的灰黑色树木与乱石堆积在一起，任太阳柔弱的红光照耀着。

在那些没有生机的枝干上，是一簇又一簇的真菌类，它们似乎回到了自己的故乡。这个时候，蕨类植物从满目疮痍的土地上重获新生。在更远的地方，被子植物的幼芽祖露在朦胧渐去的天空中，一些植物的种子又破土而出，一些残存植物的根部上又渗出了淡淡的黄绿色。它们在一堆又一堆的生物残骸之间孤独地摇晃着柔嫩的细枝。

这些重获生命的植物在一个不太长的时间内重现生机。枝繁叶茂、花团锦簇，这美丽的原野景致在蓝色天空下散发着生命的气息和活力。几十年或几百年之后，又是一片茂密的森林。

这些主要是风媒植物，众所周知，中生代的被子植物一般是靠昆虫传播花粉的，到白垩纪即将结束时，风媒植物才有所扩展。如果大灭绝时期昆虫大批死亡，那么靠昆虫传播花粉的植物将因此失去繁殖能力。但是风力依旧，从而使风媒植物在大地重见天日之后的若干年有了蓬勃发展的机会。

这是另一种寂静，如版画中美丽的风景。在开始的几十年或几百年内，是各色植物主导自然风光的色调。只有很少的鸟类、哺乳类和爬行类游荡在原始的天空中和大地上。昔日近于死寂的森林和光秃秃的原野已经披上了一层浓浓的绿色，把美丽世界的景象叠印在遥远的地域。翠色欲滴、山花凄艳、万紫千红的世界静待着另一些生命的诞生，静待着更多生命的繁荣。

五、 自然的沉思

前寒武纪保留下来的含化石地层太少了，除了时间太悠久，更主要的原因可能是前寒武纪繁荣的生物主要是软体的。因此，我们几乎找不到能说明当时究竟发生了什么事的化石记录。然而，从其他各时代的生命演化模式来判断，在大规模的生物灭绝之后，还会有一个物种竞相形成的时期。

在 5.4 亿年前的寒武纪初期，化石记录显示了介壳类生物惊人的勃发现象，寒武纪生命大爆发是古生代早期极其辉煌的一幕。大约在2.5亿年以前的二叠纪，有95%的古生代生物灭绝了，生命的消逝又是如此的大面积和突然。这实际上也意味着当时的地球环境发生了巨大变化，用"翻天覆地"来形容大概是不过分的。

有人说，生命史上的无名英雄并不是那些默默无闻的传播者，而是那些随机飘来的宇宙宾客。古生代和中生代界限上下的物种灭绝，是地球历史上最具灾难性的一场生命危机。当然不能排除宇宙的星际灾难是这一次生物大灭绝的罪魁祸首。

一般来说，每一次巨大的撞击事件都使生物的演化转变到不同的方向，从奇形怪状的软体动物到有壳而形状固定的寒武纪生物群，从体格庞大的恐龙到灵敏矫健的哺乳动物，从低飞在树林间的原始鸟类到最初的猿猴。

我们很难把生命史上那些关键的转变想象成一种任意发生的行为。星体撞击肯定是或然的，但潜藏在宇宙背后的深刻规律却是必然和永恒的。生命的起源和消逝就在这一宏阔的背景下延续着。

可以肯定地说，在整个宇宙，自然的神手永续着生命的青烟，总有烟雾缭绕。但人类的认识几乎只限于地球和邻近的几颗行星，而且还只是个大概的认识。对遥远宇宙中所发生的事情，特别是渗透在宇宙深处的生命存在形式和演化背景，人类几乎是无能为力的。

美国康奈尔大学的尼克立斯根据化石群所揭示的事实回顾了生物演化的历史。他说，地球上最早的生物起源于大海。水生节肢动物之所以能演化成陆生昆虫，是因为在潮湿的岸边生长的藻类为它们提供了食物。昆虫又可以成为其他生物的食物。

植物界演化出了参天大树和低矮花丛，而昆虫长出了翅膀。善于飞翔的昆虫以花粉花蜜为食，这样就替开花植物传播花粉，导致了被子植物歧异度①的不断增加，结果又为昆虫创造了新的小生境，从而为它们开创一种新的生活方式创造了条件。到头来，昆虫又为食虫类动物提供了食源。像巨型蜘蛛、两栖类、爬行类和最原始的哺乳类都

---

① 生物歧异度是在一个生物群的特性或生命的群体中产生变化。歧异度是生命系统中最基本的特性，它的生物架构层次应该从分子层次到生态系。

属于食虫类的庞大家族。

另外，当太阳系运行到了宇宙空间的某个特定位置时，地球上就会周期性地出现不适合生命生存的环境条件，如地球气候的周期性变化、地球磁场的周期性消失等。那时候地球生命及其衍生的文明便会遭到毁灭，随后又会导致生物（包括高级智慧生命）的周期性起源和进化。

纵观生命的历史，我们或许可以这么说，生物体在面临危机的时候，要么通过自身结构和性状的调整，进化到一个新的阶段；要么因无法完成这样的调整而走向毁灭。一部生命进化史就充分体现了这一点。

大自然是生命去留的唯一仲裁者，它通过淘汰不适应其特殊生境的生物来保存优越的种属，用铁的规律铸造生命的历史，展示出生命界永无止境的辉煌。这个随机的世界就是在漫不经心的创造中袒露出它朦胧的美艳和风采。生命在宇宙的抚爱和凝望下永存不衰，消逝仅仅是一个梦幻的插曲。

追忆生命的历史，似乎每一次、每一个物种的灭绝，包括每个时代生物的灭绝现象都是随机的，在这种偶然发生的现象背后却存在着深刻的自然诱因。巨大的宇宙背景已经为生命的演化提供了理想的舞台，只等那些自由的或不自由的生物上台表演，或欢跳歌唱、或伤叹悲愤，即使面临厄运也会义无反顾地向前走去。幸运也罢、灾难也罢，主动的选择也罢、被动的适应也罢，都是一种动态的展示，都是一种不得不面对的现实。

在中生代即将落下帷幕时，爬行动物成为一切陆栖脊椎动物的真正祖先，鸟类和哺乳类都是从爬行类中进化而来的。

第十章

新生代古近纪与新近纪：
秋之音韵

中生代结束于 6500 万年前，此后的地球历史进入了新生代（Cenozoic era），新生代包括古近纪（Palaeogene period）、新近纪（Neogene period）和第四纪（Quaternary period），我们今天正处在新生代第四纪。

新生代的最重要标志表现在两个方面：在动物界，哺乳动物开始崛起并迅速发展，成为陆生动物的主宰，所以新生代又称为哺乳动物时代；在植物界，被子植物也达到全盛，出现了繁花似锦、果实馥郁的桃源景致，所以新生代也叫作被子植物时代。

地质学上曾经用第三纪（Tertiary，距今6600万～258万年）表示新生代（Cenozoic）的第一个纪。现在，它已分成了两个纪：古近纪（Palaeogene）和新近纪（Neogene），古近纪和新近纪的重要生物类别包括被子植物、哺乳动物、鸟类、真骨鱼类、双壳类、腹足类、有孔虫等，这与中生代的生物面貌大不一样，也标志着"现代生物时代"的来临。

脊椎动物的变化主要表现为爬行动物的衰落，哺乳类、鸟类和真骨鱼类兴起且高度繁盛。古近纪早期，仍生活着古老、原始的哺乳动物；到了中期，现代哺乳动物的祖先先后出现，逐渐代替了古老、原始的哺乳动物；新近纪晚期，现代哺乳动物群逐渐形成，偶蹄类和长鼻类渐趋繁盛，马的进化节奏加快。

古近纪与新近纪的被子植物极度繁盛。除松柏类尚占重要地位外，其余的裸子植物均趋于衰退。蕨类植物大大减少，且分布多限于温暖地区。古近纪与新近纪的植物有明显的分区现象，地层中还有许多微体水生藻类化石。

一、古近纪与新近纪生物概貌

原新生代第三纪包括五个世，依时间顺序它们分别是古新世（Paleocene）、始新世（Eocene）、渐新世（Oligocene）、中新世

（Miocene）和上新世（Pliocene）。现在，古新世、始新世、渐新世属于古近纪，而中新世和上新世属于新近纪。

古新世是新生代古近纪的第一个主要时期，它开始于约6600万年前，结束于约5600万年前。古新世的地球曾出现了一个短暂而突然的全球变暖过程。最古老的啮齿目动物化石见于北美的古新世地层中。在漫长的进化过程中，尤其在新近纪和第四纪早期的两次大分化中，啮齿目动物在形态上具有多样性。

始新世开始于现代哺乳动物群的出现，结束于一个被称作大型生物集群灭绝的事件，这一灭绝可能和一颗或数颗大火流星撞击地球有关。现代的哺乳动物化石大都源于始新世。渐新世开始于约3390万年前，结束于约2300万年前，它介于始新世和中新世之间。比起其他更古老的地质时期，可用岩床来确认渐新世。中新世开始于约2300万年前，结束于约530万年前，是英国地质学家赖尔于1833年命名的，其中软体动物现生种约占18%。约530万年前，上新世开始，约258万年前结束。

在古新世，残存的爬行类与原始哺乳类营建着它们共同的家园，这时，天空中鸟的种类繁多，在陆地上处处能听到它们动情激越的歌声；在始新世，动物界发生的最重大事件是出现了原始马，从化石看，这种矮小且其貌不扬的动物是今天所有马的祖先，也是驴的祖先。

新生代古近纪，恐龙等爬行类动物大量灭绝后，哺乳动物勃然兴起，在莽莽的大陆高原，在蓝得让人遗忘一切的天空，在渺茫无垠的深海里，到处都有它们的欢歌笑语。在一个相对自由和适宜的自然天地中，它们无忧无虑地繁殖着自己的后代，也从中分化出了一些新种。

这个时期，地球上广布着绿如地毯的草原，以及和草类混生的低矮而粗壮的灌木丛林，它们中的一些枝条上爬满了尖锐的小刺，更多的植物开着淡紫色、橙黄色或粉红色的小花，它们和原始的高大乔木一起构成了一幅静谧幽远的水墨画。那里是各种食草动物的理想家园。

哺乳动物取得优势地位的时间已有约 6000 万年。由于大脑更加进化，它们占据了更多的生存空间。今天，这个家族中智慧最高的人类正在主宰着这个世界，也必将影响未来生命的走向。

二、哺乳动物及其进化

1. 渐成优势

遥远的中生代，正当恐龙等大型爬行动物不可一世时，在地球上还生活着一类特别的脊椎动物，它们有着不同于其他所有动物的生理特性——它们的大脑相对较大，身披毛发，产下的是胎儿，而不是卵，幼崽出生后由母兽哺乳。正是这些优点，使它们逃过白垩纪末期的那次大劫难。在那次大劫难中，恐龙等大型爬行动物先后退出历史舞台，而哺乳动物却迅速进化，成为现代陆地生态系统的优势物种。

比较可靠的化石记录显示，最早的哺乳动物出现在大约 1.5 亿年前的侏罗纪晚期，而它们的直系祖先（原始的哺乳型动物）约 2.2 亿年前就生活在地球上了。

中生代时期留下来的哺乳动物化石十分稀少，自 1812 年发现第一块化石以来的两个多世纪，发现的完整骨骼标本不超过十具。不过，最近在中国辽宁早白垩世地层中已找到数具保存极为完好的哺乳动物骨架，包括张和兽、热河兽、中华俊兽、强壮爬兽、巨爬兽等，这为研究早期哺乳动物的进化细节提供了极为重要的信息。

最初的哺乳动物之所以能够逃过那次劫难并走向繁荣，主要得益于它们在长期进化过程中所形成的特殊生理结构和相关机能的完善。所有形态结构的变化，以及由此产生的功能和习性方面的改变，都使得哺乳动物更能适应地球环境的变化。哺乳动物在中生代的演化，奠定了它们在新生代迅速辐射并成为地球优势物种的基础。

它们的优势主要表现在以下几个方面：①身上披有毛发，能够有效地保持体温恒定，完善的循环系统强化了新陈代谢的功能，使其对外部环境有更强的适应能力；②摄食器官机能改善，下颌仅由 1 块骨头组成，因此下颌作为一个整体更加坚固；③听觉器官发生了重要变化，中耳有 3 块听小骨（砧骨、锤骨、镫骨），而四足动物只有 1 块听小骨，使其听觉得到前所未有的提高，能够尽早感知潜在的危险，从而逃避敌害；④只有比较原始的哺乳动物在运动时四肢有一定程度的外展，大多数哺乳动物在运动和站立时，四肢直立于身体之下，这样的体型结构更加适合快速运动，运动时也更加省力；⑤与恐龙同时代的哺乳动物能够在树上活动，大大提高了躲避敌害的能力，也扩大了觅食的范围，有些可能还适应了穴居的生活。

2. 大间断

6500 万年前的白垩纪末，恐龙家族退出了生命历史的舞台，世界开始变得孤单。那场灾难也标志着中生代的结束和新生代的开始。那时的地球比较温暖，亚热带的森林一直延伸到了极地，也许就因为缺少大型植食性动物恐龙的存在，森林才长得更加茂密。

在这样的环境中，曾经"寄人篱下"1 亿多年的哺乳动物终于得以发展，繁衍出更加优秀的子孙，但它们当中的多数没能延续至今，因为它们没能度过 3000 万年后的气候骤冷。发生在距今 3400 万年前（始新世末）的那次生物群大更替事件，就是古生物学上所说的"大间断"。

大间断是地球历史和生命历史上的一个重要事件，它彻底改变了世界的面貌，也重构了新的生物圈和形态结构。早期古老类型的哺乳动物逐渐灭绝，到渐新世末基本消失，而一些与现代哺乳动物直接有关的门类，如象、熊、鹿、河狸等的祖先陆续来到了这个世界上。

3. 古近纪和新近纪的哺乳动物

三叠纪晚期，就在恐龙刚刚登上生命进化舞台的时候，一群在当时并不起眼的小动物从兽孔目爬行动物当中的兽齿类中分化出来。它们有些"生不逢时"，因为在随后从侏罗纪到白垩纪长达1亿多年的漫长岁月里，它们一直生活在以恐龙为主的爬行动物的巨大阴影和压力之下。直到白垩纪末，大多数在中生代异常活跃的爬行动物（如恐龙）灭绝之后，它们才得以在随后的新生代顽强地崛起并成为地球的主宰。它们就是哺乳动物。哺乳动物最终能够从夹缝中崛起的原因在于它们已经具备了一系列进步的特征。

哺乳动物是指用母乳哺育幼儿的动物，是动物世界中形态结构最高等、生理机能最完善的类群。哺乳动物的智力水平要比其他动物高，与人类的关系也最密切。哺乳动物的种类也多，其中有的善于在陆地上奔跑，有的能够在空中飞翔，也有些种类常年生活在水中，善于游泳，捕食鱼虾。因为生活习性不同，其身体结构也复杂多样。

哺乳动物具备了许多独特特征，因而在进化过程中获得了极大成功。哺乳和胎生是哺乳动物最显著的特征。另外几个重要特征是：①智力和感觉能力进一步发展；②保持恒温；③繁殖效率提高；④获得食物及处理食物的能力增强。

哺乳动物有比较大的脑颅，脑量的增加，以及与之相应的神经控制能力和智力的提高就与此有关。而且，它们也有很高的代谢水平。

除了单孔类，其他哺乳动物都是胎生，这使得它们的后代在出生前就已在母体内完成了一定的发育过程，更具生命力；同时，幼崽出生后以母乳为营养，得到母亲的保护，使得它们的成活更有保证。

哺乳动物的牙齿分化成门齿、犬齿和颊齿（包括前臼齿和臼齿），颊齿通常有一个包括几个齿尖的齿冠，以两个或更多的齿根固着在颌骨上，这样的牙齿更能适应于咀嚼多样化的食物。

哺乳动物还有一些不同于爬行类的解剖学特征。例如，哺乳动物颈部的肋骨（颈肋）与颈椎愈合，成为颈椎的一部分；腰椎两侧具有游离的肋骨；肠骨、坐骨和耻骨愈合成为一个整体，即骨盆结构；头骨有一对枕髁。尤其突出的是，哺乳动物头骨与下颌的关节由鳞骨和齿骨组成，原来在爬行动物中连接头骨和下颌的方骨和关节骨在哺乳动物中进入了中耳，分别变成了三块听小骨中的两块：砧骨和锤骨，它们与镫骨（爬行动物唯一的一块听小骨）一起组成一套杠杆结构，用以传导从耳膜到内耳的声波振动。在脊椎动物进化史上，这是解剖结构从一种功能转变为另一种功能的最好例证之一。

从晚三叠世开始，哺乳动物在整个中生代经历了艰难而不屈不挠的发展过程，分化出始兽亚纲、异兽亚纲和兽亚纲三大类。其中，始兽亚纲包括柱齿兽目、三尖齿兽目两类；异兽亚纲仅有一目，即多瘤齿兽目；兽亚纲包括三个次亚纲，即祖兽次亚纲、后兽次亚纲和真兽次亚纲。

现存有4000余种哺乳动物，包括食肉动物，如虎；食草动物，如兔；杂食动物（既食肉又食草），如熊，等等。牛、羊、马等家畜和猫、狗、鼠等也是哺乳动物。它们遍及全球，分布广泛，与人类关系极为密切。人类也是哺乳动物，是万物中最高级的生物。下面分别介绍一些有代表性的哺乳动物。

（1）几种古老的哺乳动物。阶齿兽生活在距今5500万年前的古新世，这是一种已经灭绝的古老哺乳动物，喜欢生活在多水草的地区，以昆虫类、嫩果、植物的叶子为主要食物，是一种古老的有蹄类动物。

中兽是已经灭绝的哺乳动物，对其化石的细部观察可知，中兽是肉食性动物。

六角兽属于恐角类。恐角类是古近纪早期的一类大型哺乳动物，最早的化石发现于亚洲和北美的晚古新世，因其头上有三对骨质突起，所以俗称"六角兽"，虽然模样可怕，却以植物为食。始新世时，它们走向繁荣，自渐新世后，它们开始衰落，到距今约3000万年前，它们的踪影就从地球上消失了。

（2）啮齿类与兔形类。在脊椎动物进化史上，啮齿动物是最成功的一类。在种类和个体数目上，它们是所有哺乳动物中最多的，也是我们最容易看见和熟悉的一类。目前，啮齿类动物的种类和数目超过了所有其他哺乳动物的总和，我们熟悉的松鼠、田鼠、跳鼠、各种家鼠、豪猪、河狸等，均属于啮齿类。

啮齿类在进化上获得成功，与它们的体型有关。它们大多在整个种群进化过程中都保持着小的躯体，使它们能够适应大型动物不能适应的许多环境，从而建立起大的种群。大多数啮齿类适应能力非常强，在地上、地下、树林中、岩石下、沼泽内和草地里，到处都有它们活动的身影，它们的踪影甚至延伸到了地球的两极。

在生物演化的谱系中，老鼠与兔子是近亲，两者都归入同一大类——啮形超目。兔和鼠都长有一对无根的大门牙，但兔类在大门牙后面还有一对小门牙。兔子的化石最早发现于5600万年前的古新世，直到今天，它们仍然是一个繁盛的大家族。

（3）奇蹄类动物。奇蹄类是有蹄动物中的一个类群，现生的代表除了马，还有犀牛和貘，已灭绝的奇蹄类还包括雷兽和爪兽。奇蹄类的特点是它们的趾头数目常常是奇数，而且脚的中轴通过中趾。所有奇蹄类前、后脚的大拇指和后脚的小趾都已消失，大多数奇蹄类前脚的小趾也不存在，所以，奇蹄类的脚上常常只有三个趾头起作用，马却只剩下一个趾头。古近纪晚期，奇蹄类处在演化的鼎盛时期，目前已让位于偶蹄类。

犀牛是一种大型有蹄类哺乳动物，古近纪和新近纪时，它们曾是一个种类繁多的大家族，目前正在走向灭绝，现存的犀牛只有5种，分布在非洲和亚洲的局部地区。最早的犀牛出现于始新世初，它们的身体比较灵活，善于奔跑，与现代犀牛有很大区别。新生代新近纪晚期，犀牛非常繁盛，它们生活在大部分陆地上，并演化出了许多分支。

雷兽是大型奇蹄类动物。最早出现于始新世早期，那时候，它们还是体型较小的动物，和今天的小马驹差不多。到了3000万年前，雷兽演化成笨重而巨大的动物，那也是它们生命的顶峰，一旦成为巨兽，离灭绝也就不远了。这似乎是宇宙中的一个规律。雷兽很可能是由于气候、环境、食物变化及自身体质特点等因素而灭绝的。

爪兽十分特别，在奇蹄类中，它们是唯一脚上有大的爪而不是有蹄的动物，爪兽的名称由此而来。爪兽的其他特征，包括牙齿等，都与奇蹄动物相似，爪兽与雷兽有一定亲缘关系。约 70 万年前（第四纪更新世晚期），它们便开始灭绝，它们的灭绝可能与更新世地球上出现的冰期有关。

最早的貘类出现在距今约 5000 多万年前，貘的进化比较简单，主要表现在身体的增大方面。近年来，貘类化石的不断发现表明：新生代时，貘类分布的区域很广且种类繁多。更新世末期（约 1 万年前），貘类迅速从世界的大部分地方消失。现生的貘类仅分布于东南亚（马来貘）和南美洲（美洲貘），长着一个延长的、十分灵活的鼻子。

在奇蹄类动物中，马是进化最成功的一种，马的化石一直被作为生物进化最典型的例子，因为马在 5000 多万年的地质历史中保留了丰富的化石记录，这个记录一直延续到我们熟知的现生真马。

始祖马（Eohippus）出现在距今 5000 多万年前的始新世早期。跟现代马不同，始祖马没有魁梧的身躯，其大小和现代的狐狸差不多，头骨很小、脖子不长，背部隆起处没有马鬃，四肢细长，前脚有四个趾、后脚有五个趾。很难相信这样一种其貌不扬、微不足道的小动物会是现代马的祖先。但这是对世界各地发现的马类化石综合对比和研究的结果。始祖马是现代马类的最早祖先，其牙齿呈瘤齿形，它们是一种在较松软土地上行走和在灌木林中生活的小动物，它们最喜欢吃的是鲜嫩多汁的细枝幼芽。

到了古近纪晚期，地球上的气候开始变得干燥寒冷，被子植物中的草本植物形成了广阔的草原，为了与环境的演变相适应，始祖马在体格上也开始从矮小敦厚朝高大剽悍、具有单趾硬蹄、适于在草原上驰骋的方向进化。

研究表明，随着早始新世的结束，始祖马在欧亚大陆上几乎处于灭绝状态。此后，只有在北美才能找到成群的远古马类，直到中新世后才又回到了欧亚大陆。

在这里，还必须提到三趾马（Hipparion），从其名称就可知道，这种马具有三趾，但中趾最发达，其大小跟现代较低矮的驴差不多。它们并不是现代马的直系祖先，而是从草原古马中分化出来的一支。

始祖马化石和现代马

少数三趾马生活在湖泊、沼泽、低地，大多数却成群结队地奔驰在广袤草原上。据分析，当它们在干硬的草地上奔驰时，只用中趾着地，而当它们在柔软的泥地上行走时，两侧的小趾也能同时撑开着地。更新世时，三趾马全部灭绝。从晚中新世到早更新世，三趾马是中国最有代表性的哺乳动物之一。

三趾马动物群和现在生活在非洲大草原上的动物群性质接近。在哺乳动物进化历史中，三趾马代表由古老向现代类型转变的动物群，也是种类和个体数量都很丰富的一个动物群。它们在进化论战胜神创论的过程中，作为生物进化最有力的实物证据起过重要作用。在中国，三趾马动物群是古生物学研究的一个大型化石动物群，标志着中国古脊椎动物学的诞生。

特别值得一提的是，马的进化在地质历史中有特别明确的记载。古生物学家手中拥有从新生代初期出现的小獏状原始马开始的有关马类进化的完整资料。但是关于骆驼的进化资料，人类知道得还不是很多。要追寻那些耐饥渴耐疲劳的沙漠之舟直系祖先的生命史，也许还需要一段相当长的时间。

约 400 万年前，真马由上新马进化而来，其体型与现代马近似。每条腿上只有一个蹄。更新世初期，真马活动的范围进一步扩大，第四纪时，已广泛分布在亚洲、欧洲、非洲和南美洲。中国境内发现的云南马、三门马等就属于真马。

（4）偶蹄类动物。始新世早期，一个以植物为食的大型哺乳动物家族——踝节类就已经出现了原始的蹄子和"角"。后来，从它们当中又演化出现代生态系统中最繁盛的食草类群——偶蹄类。因为它们前后脚的趾数都是偶数（2 个或 4 个），身体重量就放在第三趾和第四趾上，偶蹄类的名称由此而来。

适应环境或演化的结果是，它们的蹄子更完善，角也更复杂和多样化，偶蹄类的出现和繁荣为今天的生物多样性特别是动物家族的演化做出了贡献。迄今为止，偶蹄类是进化得最为成功的有蹄类动物。现在大多数有蹄动物都是偶蹄类，如牛、羊、鹿、骆驼等。

古生物学研究发现，偶蹄类起源于一种早已灭绝的古老有蹄类——踝节类，最早的偶蹄类发现于始新世早期的地层中（距今约5000多万年）。那时，不论是数量还是种类，奇蹄动物都远多于偶蹄动物。今天却正好相反。这主要归功于它们所拥有的一系列进步性状，其中最重要的就是消化系统的进步。

大多数偶蹄类都是反刍动物，反刍偶蹄类具有复杂的消化系统，具有分室的胃及相关的"反刍"习性，使它们能够在短时间内匆忙吞下大量食物，然后躲到安全的地方细嚼慢咽。这也是它们比奇蹄类能更有效地进食并躲避食肉猛兽袭击的重要原因。奇蹄动物没有反刍功能，它们的特点是奔跑速度快，所以它们的其他趾退化，而中趾加长和发达。

（5）长鼻类。目前，大象是地球上最大的陆生动物，可谁能想到，4000多万年前（晚始新世），它们的祖先还和今天的猪一般大。这个猪一般大的家伙就是始祖象（*Moeritherium*），象的生命演化史再好不过地说明，长鼻类家族的体型越来越大，鼻子和大牙也越来越长了。

始祖象是今天大象的最早祖先，它们一般生活在始新世和渐新世，从化石（最早的化石是在北非发现的）判断，始祖象四肢强壮，脚趾宽展，趾端有扁平的蹄，尾巴奇短。它们还有较长的头骨，眼睛靠前，没有长鼻，也没有獠牙，却有很厚的上嘴唇，上下颌的第二对门齿稍微长得大一点。从中可隐约看出它们具有长鼻类的一些原始特征。想必这些今天所有大象的"老奶奶"或"老爷爷"跑起来是十分笨拙和滑稽的。

随着古代气候的变化和地理环境的变迁，始祖象逐渐进化出许多不同的种类，它们共同的特点是躯体变大，肢骨增长，发展出短而宽的脚；鼻子变长，以便采食植物；第二门齿增大成獠牙，以便挖掘和防御格斗。象类曾一度遍布亚洲、非洲、欧洲和美洲大陆，目前仅有少量生活在局部区域，是我们时代为数不多的巨兽之一。所有的象类都归为长鼻目，始祖象是长鼻目的原始祖先。

在后来漫长的演化过程中，象类躯体日益增大，牙齿从丘形齿变为脊形齿，且齿冠抬高。后来发现的象化石，如嵌齿象、互棱齿象、铲齿象、剑齿象、猛犸象、古菱齿象等证明了这一点。始祖象的演化朝着三个方向发展：一是恐象；二是短颌乳齿象；三是经过长颌乳齿象、剑齿象等阶段，最后进化到现代象。

在真象类家族中，猛犸象是一个神奇的种类。更新世后期，猛犸象曾遍布欧亚大陆和北美大陆的寒带和寒温带地区。距今3万年前，当人类的祖先也遍布这些地区的时候，这些貌似不可一世、实则憨实愚笨的植食性动物就成了人类的重要猎物之一。

它们身上披着厚厚的长毛，不怕寒冷，北方的严寒地带正是它们生活的天堂。猛犸象化石在中国东北、俄罗斯西伯利亚、美国等地均有发现，3000多年前，它们才彻底从地球上灭绝了。

（6）食肉类。食肉类动物也经历了漫长的发展历史，至少从6000多万年前就有它们的代表，直到今天。我们所熟知的狮子、老虎、熊、狼、狗等，都属于食肉类动物。食肉类动物有个共同特点，即具有裂齿。裂齿是一种特殊形状的牙齿，一般由臼齿变化而来，形如刀刃，齿尖裂成几片，裂齿由此得名。它们每侧的上、下牙床各有一颗裂齿，上下结合起来就像一把锋利的剪刀，专门用于切割、咬断猎物的肌肉和骨头。另外，身材灵活、犬齿发达、趾端有锋利的爪子等也是食肉类动物的特征。这些特点有利于它们捕食其他动物。

说到食肉类动物的庞大家族，让我们稍稍提及妇孺皆知的熊猫。熊猫怎么会是食肉动物呢？这还要从它们的历史源头说起。大熊猫的远古祖先是始熊猫，始熊猫以更小的动物为食。

800万年前，熊猫就出现在中国了，更新世期间（距今约258万年至1万年），它们的足迹遍布华南，南达南亚、北越秦岭。据说在北京的周口店也发现了大熊猫的遗迹。后来，它们的活动地域缩小，这可印证地球气候和环境的演变。

从远古时代的食肉类祖先演变成今天以竹子为食的物种，是大熊猫演化过程中最特别也最难理解的问题。或许基因突变才导致它们食性单一。对食物选择的单一，成就了它们身体结构的特化，结果是适应环境能力的脆弱。它们选择那样一种十分执着甚至固执的生活方式，真的让人不可思议。

在地质历史上，虎豹等食肉猫科动物曾经有过一群叫作"剑齿虎"（*Machairodus*）的姐妹。剑齿虎是当时陆地上的霸王，体型比今天的虎豹兄弟都大，它们的大犬齿极长，呈弯曲的匕首状，刃缘还有许多小锯齿。

在攻击猎取对象时，剑齿虎张大嘴巴，利用强壮的颈部力量，以及肩部和身体的重量，把匕首状锋利的犬齿插入猎物体内，给猎物致命的一击。因为这样的优势，剑齿虎敢袭击比它们自身还大的动物，连犀牛和大象这样的庞然大物见到它们都躲得远远的。更新世结束时，剑齿虎也走到了生命的尽头。

新近纪晚期，剑齿虎广泛游荡在欧亚大陆、北美及非洲的森林和草原地带。在"北京猿人"居住的周口店，在山顶洞人游荡过的地方都找到了它们的化石，想必这些凶猛的动物曾是远古人类野外活动面临的很大的天敌。

在美国洛杉矶距今大约 1.5 万年的地层里，人们发现在不到 0.14 平方千米的范围内埋藏着 2100 只剑齿虎化石。科学家们证实，当时，那里曾是一片沥青湖，这些剑齿虎就是为了抢夺猎物，掉进沥青坑而丧生的。看来这些四肢发达的动物是一些有勇无谋的家伙。1 万～2 万年前，它们才从地球上彻底销声匿迹。它们的灭绝与当时地球上人口的增加和越来越聪明或许有必然联系。

（7）其他哺乳动物。到了新生代，哺乳动物的进化速度更快。这时，又有一些哺乳动物类群回到海洋，重新适应了水生环境，在那个浩瀚无边的世界找到了自己的生存空间。像海狮、海象、海豹、海牛，以及各种鲸鱼等，都是我们所熟悉的。地球上最成功的海洋哺乳动物要属鲸类。它们的身体和四肢骨骼演变得简直就像鱼一样了，难怪人们把它们叫"鲸鱼"。但它们不是鱼类，而是温血的、胎生哺乳并有很高智力的高等脊椎动物。

同时，也有一些哺乳动物学会了飞行，把天空作为自己的表演舞台，它们就是各种各样的蝙蝠，属于翼手目动物。与鸟类相比，蝙蝠的飞行能力可能并不出众，但它们练就了一种极其特殊的能力，即超声波回声定位。依靠超声波回声定位系统，它们能够在绝大多数鸟类都已经安眠的夜间无障碍地穿梭，并且准确无误地捕食各种昆虫。正因为如此，它们给我们留下的印象是阴森可怕，如夜空幽灵一般。

始新世时，原始的猪、狗、牛、羊等开始出现。那时，这些动物都非常矮小，身体结构也比较原始，但通过化石可以看出，这些古老动物与现在的相应家畜在体质形态上有不少相似之处。到了新近纪，牛、羊、猪、鹿、象等动物家族兴旺发达了起来，以一些陆生动物为食的食肉动物开始确立了它们在自然界中的地位。它们共同奠定了目前哺乳动物面貌的基础。在海洋无脊椎动物中，最常见也最重要的还有有孔虫、双壳类、腹足类等。

猿猴的祖先只有猫那么大，可它们的迁移速度很快，在不长的时间内就从北美大陆穿过当时连接亚洲和美洲的白令地峡来到亚洲，同时，也通过美欧大陆之间的格陵兰岛到了欧洲大陆，结果，它们在世界上不同的地方繁衍着后代。

当时，像黄鼠一样大小的小型古食肉动物也非常活跃，这类动物在不同的环境中不断地分化改组，最后终于分道扬镳，演化成今天的狼、獾、狮、熊和老虎等许多不同类型的食肉动物。

今天，在加拿大北部距北极点几百千米的一个名叫阿克塞尔·海伯格的岛上，人们发现了热带森林化石，地质年代属于古近纪的始新世。化石出露在那里的低山坡上，黑色的有机残渣四处可见，但更加醒目的还是那一根根站立的化石木桩，几乎遍及整个山丘。漫步在这片古代森林的残骸中，很容易让人联想到，几千万年前，这里曾经是生机勃勃的热带森林景观。

渐新世时，原始哺乳类在身体结构和生活习性等方面已发生了很大变化，那些消逝在进化路途上的早期哺乳类已不可寻，猿猴的进化大概是这个时期发生在生命界中的划时代事件。

到了中新世，动物界进化出了我们熟悉的近代哺乳类，如狗和现代马等。

上新世是新近纪的最后一个阶段，这时，古老的非洲大陆上出现了最早的猿人，这也意味着人类时代即将要到来。

三、植被类型随气候变化而不同

古近纪和新近纪时，地球上出现了现代植被类型特征。许多古近纪和新近纪的植物化石可以和现生分类单位进行比较，而且经常包括在它们的系统归类中，它们的现生属非常普遍。人们将古近纪和新近纪植物的化石记录和比较生态学，以及由气候变化造成的植物迁移或绝灭联系起来。当然这过于简单，因为植物也会对演化中的变化做出回应。

古近纪早期，植物群有了明显的纬度差异。北冰洋周围生活着与众不同的植物类群，其中包括阔叶落叶森林，显示了被子植物乔木、灌木和草本层次的分异，其中已经有了现存科的分化。在北美，白垩纪—古近纪界限处植被集群灭绝之后，是一段降雨量增加的时期，在更加南部的地区，条件非常适合多层雨林的广泛发展。某些群落已经显示了今天许多热带雨林植物的特征。

从晚白垩世到新近纪末，白令海峡中的陆桥可能也在北美和亚洲之间发生了类似的植物交换，结果使北美东南部的植物群与欧洲具有更多的相同成分。

在特提斯海、美洲和亚洲的周边，生长着另外一类植物群。这些较低纬度的植物群被描述为热带类型，因为许多植物和今天生长在热带的植物具有密切的亲缘关系。这主要基于对欧洲和北美所发现的种子和果实植物群的研究，其中最大和最多样化的是伦敦黏土植物群，包括大约350个种。人们对这个植被的解释是基于对最接近的亲缘类群和它们生态耐受性的评价。虽然有些植物的生态耐受性可能在过去的5000万年中发生了改变，但这种方法确实为我们提供了一些古气候的线索。

　　许多伦敦黏土中的种和印度—亚洲地区热带植被中的现生植物有最近的亲缘关系，但还有许多其他种和现生的温带种有亲缘关系。像其他古近纪和新近纪植物群一样，伦敦黏土植物群不可能准确地对等于今天存在的任何一个植物区系，可以类比的是亚热带或泛热带雨林，除了那些耸立于森林荫蔽之上的大型双翅果类乔木而外，它包括所有的热带雨林成分。

　　今天，这类植物群在东亚是按照年均温度 20 ～ 25℃的等温线来划分的，在上限就被热带雨林所取代。那里有丰富的灌木和攀援植物，以及在森林内开阔生境和溪流边生长的、具有温带亲缘关系的植物。在较大河流的堤岸生长着红树林型植被，其中无茎的棕榈植物水椰属（Nipa）占据了大半地区。

　　古近纪初，许多热带植物向南迁移，北极植物群演化加速，始新世至渐新世之际，气候开始变凉，被子植物史上第一次出现了大面积的温带落叶林。始新世中晚期，出现了混交林。高纬度地区古近纪植物群中孑遗的成分在南方潮湿的地方找到了生存的土壤。

　　中新世末，许多地区的植被发生了显著变化。开阔生境日益增加，那里生长着大片的禾草类和其他草本植物。草原植被扩展了自己的地盘，漫游在这些地方的，是以植物为食的哺乳动物。杨树、柳树、榆树、白桦树等被子植物是植物界的主流，裸子植物开始退居次要地位。

　　和中生代一样，我们关于古近纪和新近纪被子植物的大部分知识，都是基于叶化石的研究。古近纪和新近纪期间，被子植物继续快速分化，最终在世界大部分的陆生植物中占据优势。

　　时至今日，我们对被子植物演化历史的认识远未完成。我们并没有真正弄清楚被子植物的起源，虽然我们试图在侏罗纪和白垩纪地层中寻找早期被子植物的蛛丝马迹，却没有取得实质性进展。真正的被子植物看起来好像突然出现在化石记录中，这使许多人推测被子植物可能起源于高地，因为那里不可能形成化石。

　　由于缺乏可信的植物化石证据，20 世纪以来涌现了大量关于被子植物演化理论方面的论文。在这些论文里，旧观点的摒弃和新观点的产生司空见惯，这并不是古植物学的错误。如果这些研究能够促进植物化石与现生植物关系的探索，有助于加深我们对沉积岩和生命时序关系的认识，那将是很有意义的。

始新世中期开始，全球气候变冷，这可能是古近纪生物多样性爆发的一个主要因素。这增加了对同期植被的选择压力，因为这些植被大都适应了中生代和稍后比较温暖的气候环境，这就为诸如被子植物这样适应能力更强的类群提供了分异的机会。

这种气候变化一直持续到新近纪，最终在第四纪冰期到来时达到高峰。古近纪，陆生植被中发生的最大变化是草原的广泛扩张。尽管禾草植物化石被发现于古近纪的早期和中期，但花粉记录表明，中新世（新近纪早期）时，草原迅速增加，特别是在中、低纬度地区。

这种植被变化对动物生存产生了极其深远的影响，它触发了食草类有蹄动物的演化，使之成为数量最多的哺乳动物类群之一。被子植物还为人类提供了赖以生存的谷物和饲料作物，那已经是很多年以后的事情了。

总之，被子植物群落在古近纪和新近纪发生了巨大改变，结果是它们更加容易地融合在不断变化的环境中，它们在现今植被中明显的适应和成功就不足为奇了。

四、演化永无止境

新生代早中期的哺乳动物和鸟类的某些特征看起来和以前曾经繁荣过的爬行动物有一定相似性。这是一个相对漫长的温暖时期。生命演化似乎沿着一个螺旋状阶梯向前进行着，在更高层次上重复了曾经的梦想，在寂寞的高原上完成了又一个周期性的诗意演示。

穿过遥远深邃的时光隧道，我们隐隐看到，食草和食肉的哺乳类取代了食草和食肉的恐龙等爬行类，而鸟类则取代了翼指龙。

　　自然的演化永无止境，宇宙的运作深藏不露，生命的历史如缓缓流动的溪水。在风平浪静的水域、在白云悠悠的苍穹、在遥远的大陆腹地、在宇宙中，却正在发生着深刻的质的飞跃。在生物界，崭新面孔的呈现于世本质上是地球生态环境发生巨变的结果。突变和进化几乎同时存在。

五、极限的超越

　　历史的车轮滚滚向前。仔细想来，这句话还是很有点辩证意味的。时间犹如大地深处的溪流，让我们产生一种亦真亦幻的感觉。新生代的古近纪和新近纪即将过去，地球上出现了更多的我们今天相当熟悉的动植物。

　　一些新生代早中期的"丑八怪"已经灭绝。还有一些正走在通向死亡的路上。另外，新的物种正在出现，现今我们仍十分熟悉或比较熟悉的骆驼、马、大象、猪、犬、鸡、羊、驴、猫、狮、虎、狼和兔子等在那个时期差不多就出现在绿意浓浓的原野上，天空中飞翔着有史以来最多的鸟类，包括现在的天鹅、朱鹮、丹顶鹤、秃鹫、苍鹰、燕子、乌鸦和麻雀之类。海底世界游荡着微小的浮游生物到形体大如恐龙的鲸鱼。总之，大地、海洋和天空中无不充满着它们的歌声，那歌声超越了时间和空间的界限。生命之树长青，一切看起来都是永恒的。

　　当新生代新近纪的帷幕快要拉上时，在今天的非洲出现了最初的猿人。类人猿和人类的出现才真正地开创了一个具有广泛社会性的新时代。

　　"万物之灵"指的是人类，这是文明时代人类对自身概念范畴的最高界定。这中间可能就蕴含着人是动物进化的最高层次，这或许也意味着，到了人类这一个层次，生命的存在形式就到了某种极限状态。

在进化的路上，人类是不可超越的，因此有了"万物之尊"的说法。想来人类的优越感是极强的。这本身并没有什么错，不过，这中间所暴露出来的人类中心主义的思想有时候是十分有害的。

人们几乎想象不出未来的人类和人类的未来将是个什么样子。但是，回望过去，我们发现，人类与动物在解剖结构、生理功能等方面存在着密切关系，尤其是人类与灵长类，更有着惊人的一致性。许多疾病，如天花和梅毒等，人和猿猴都能相互传染。另外，像狂犬病、鼠疫、鸟热病等，人类都会深受其害。不过这又启发我们，人和这些动物的细胞组织及血液，在细微的构造和组成方面，有着很多相似之处。在本质上，它们都只是些进化之树上的小枝而已。

人类与哺乳动物在一些原始的本能方面是相似的，如很多复杂的感情行为，比如两性之爱、母爱、自我保护等。好奇心和想象力是人类普遍拥有的，但在动物当中也有一定程度的反映。关于这一点，我们不难从达尔文《人类的由来》中找到证据，在这本书中，达尔文这样写道：

"狗在夜晚常常嗥叫，尤其是在月夜，狗嗥得很奇特，很凄厉。但并不是所有的狗都这样。据说，凡是不吠月的狗，一到月夜，两眼避开月亮不看，而是盯着靠近地平线的某一个固定的地方。据分析，在月夜，狗的想象力受到四周事物模糊不清的轮廓的干扰，并且这种光景会在它们眼前召唤出种种离奇古怪的幻象来。"

想想我们身边动物群中感人至深的故事，只会加深我们对它们的理解和认同。我们应该时时警示自己，人类不应该有太多的欲望，不应该有太多的征服世界的妄想，更不应该站在自然界的对立面去构建人类世界。

第十一章

新生代第四纪：冬之史诗

　　第四纪是新生代最新的一个纪。第四纪期间，生物界已进化到现代面貌，灵长目中从猿到人的进化也在这一纪完成。

　　更新世早期的哺乳类仍以偶蹄类、长鼻类与新食肉类等的繁盛、发展为特征。与古近纪和新近纪的区别在于，第四纪出现了真象、真马和真牛。第四纪沉积主要有冰川沉积、河流沉积、湖相沉积、风成沉积、洞穴沉积和海相沉积等。第四纪冰期时，大陆冰盖向南扩展，动植物也随之向南迁移。

大约在 260 万年前，地球历史跨入了新生代第四纪（Quaternary）的门槛，直到今天。新生代第四纪包括更新世（Pleistocene）和全新世（Holocene）。

更新世距今 260 万年到 1 万年。更新世也被称为洪积世，是英国地质学家赖尔（Charles Lyell，1797—1875）在 1839 年提出的。1846 年，福贝斯（E.Forbes，1815—1854）又将其称为冰川世（Glacial Epoch），更新世是冰川作用非常活跃的时期，更新世出现了几次冰期的最高峰，此时全球有 30% 以上的陆地面积都被冰川覆盖着。

一、遥远的绝响

在第四纪，地球上发生了两个重大事件：①人类的诞生及其发展，从此以后，地球的历史进入了人类主宰世界的新阶段，因而第四纪也叫作"灵生纪"（Anthropogen）；②大冰期再次降临，高纬度地区多次被冰川覆盖，所以又把第四纪叫作"冰川纪"（Glacier）。冰川的影响广泛而复杂。至今在高纬度的高山地区仍发育着第四纪冰川。

第四纪期间，地球的气候发生了剧烈变化，主要在极冷的冰期和相对温暖的间冰期之间交替。在冰期，欧洲西北部的大部分、西伯利亚和北美北部都被冰川覆盖；而在间冰期，气候和今天类似，有时比今天还要温暖。

　　关于第四纪植物群的知识主要来源于对泥炭、土壤或湖泊沉积物中恢复的花粉粒及孢子的研究。从这些沉积物的钻芯中分离出来的样品显示了不同类型花粉和孢子的相对丰度，它们可以指示当时存在的植被类型。通过对比从不同深度的钻芯中获取的孢粉组合，可大概知道某一地区的植被如何随时间变化，亦可以显示整个地区的植被变化。已有的研究表明，第四纪气候的波动导致了动物和植物大规模迁移。当气候变冷和冰川前进时，它们向南迁移；当气候变暖和冰川后退时，它们向北迁移。

　　约 2 万年前，最后一次冰期结束，植物群落的迁移也达到了最大程度，形成了现今全世界地理分布的新型植被组合。许多北方地区的植物种类明显减少，尤其是那些被新产生的海洋所包围的孤岛，如不列颠岛，它曾经是欧洲大陆的一部分。这种迁移也导致一些植物种类的异常分布，如一些北极高山种，它们在北极和大陆山顶呈间断分布。一些植物向北迁移，另一些迁移到高山上，这种分布随着气候的变化而产生。

　　通过对冰川后期化石孢粉的研究，还可以追踪人类活动对植被变化的影响。最有利的气候出现在 7000 年前，当时，在北方和高海拔的山区，乔木的覆盖已经扩展到最大程度。

　　在一个相对较短的时间内，曾出现过四次寒冷的冰河期和四次温暖的间冰期。第四纪的生物面貌与冰川的形成或消融也有着十分密切的关系。在某些地区，冰期时出现了猛犸象、披毛犀之类的耐寒动物；而间冰期时则出现了犀牛、鬣狗等喜暖动物。植物界也发生了类似的变化，耐严寒的针叶林和喜温暖的阔叶林已经有过几次交替。

　　第四纪地壳运动的特征明显不同于过去，这主要是一种以垂直的振荡为主、以水平的漂移为辅的地壳运动，也叫作地质的新构造运动。中国的青藏高原正是在此时隆升为世界屋脊，而华北平原大幅度下沉，以至于发生过几次海侵。另外，在一些地区也发生了断裂运动，并引起地震和火山活动。这时的陆相地层常表现为松散的土、砂、砾等。北方的黄土和南方的红土是最典型的例子。

今天已经不见踪影的猛犸象（*Mammuthus primigenius*）是这个时期的庞然大物。它们全身披着棕色长毛，体型和现代象十分相似，但更大一些，我们也常把它们叫作"毛象"。猛犸象生活在更新世的中期和晚期，广泛分布在亚洲、欧洲和北美洲的高寒地区。据说在俄罗斯的西伯利亚和远东地区就曾有上亿头猛犸象，成群结队的猛犸象狂奔在冰雪覆盖的高原上是一幅十分壮观的图景。这是当时地球生态非常奇特也很重要的一环。这些怪模怪样的动物至迟在几千年前才最后从地球上灭绝。

由此看来，古代人类对猛犸象也不会陌生，这从古人类文化遗址中可以找到证据。在法国拉斯考克斯被烟雾熏得油光黑亮的洞穴中，考古学家发现了古代人类亲手绘制的猛犸象壁画。这是石器时代狩猎者出神入化的作品。

一个多世纪以来，人们在西伯利亚和北美洲阿拉斯加的冻土层中多次发现了猛犸象的尸体，其中有不少个体的皮肉和毛都很完整，就像刚从冰箱里拿出来的一样。这说明它们灭绝的时代离我们不是太远。也有科学家提出用最新的克隆技术克隆出一批猛犸象来，然而克隆一个已经灭绝的种族并非易事。在中国的北方，也先后发现了100多个猛犸象产地。

从研究壁画和分析化石中，我们知道，这种类象的动物身高一般为 4～5 米，身长约 8 米，仅它的一条粗壮的腿也不是我们寻常人的身高所能比的，显然是一个巨型的哺乳动物了。它们的头骨短而高，额部下凹，门齿又长又大且向上弯曲和旋卷，从生物演化和遗传基因的角度看，它们和现代的亚洲象及非洲象有一定亲缘关系。

披毛犀（*Coelodonta antiquitalis*）是另一种大型哺乳动物，属于已经灭绝的犀类。它们身高一般为 1.5～2 米，身长 4 米左右，全身上下披着长毛，头上长着前后两排双角，分别长在鼻骨和额骨上。在第四纪更新世冰川盛行时它们也差不多达到生命的极盛。它们常常和那个时代的猛犸象成群结队地出没在天寒地冻的苔原地带寻找可吃的植物。当北方苔原地带食物短缺时，它们偶尔也游荡在干燥温和的辽阔草原上。

在欧洲旧石器时代晚期的壁画中，狩猎者把它们描绘成低垂着头颅、漫不经心地啃食着青草的家伙。这种动物后来随着冰川的消逝也灭绝了。

生活在上新世至更新世的大角鹿（Megaloceros）是古代鹿类的一种，它们身高约 2 米，体长约 4 米，也是一种大型哺乳动物。大角鹿头上长着一对特大的角，角的左右两端相距 3 米。这种又大又扁平的角其实很粗壮，也很坚固。看起来有一种奇异的美丽，但它不是为了美丽，而是出于自卫的需要，生命进化总是想得十分周到，自然的伟大和神秘也就尽在其中了。

有着一对坚固大角的大角鹿性情温厚，从来没有主动地伤害过谁，一旦遇到草原上的天敌，它们做出的唯一本能反应就是逃跑。

旧石器时代的人类肯定猎获过不少这种温顺的动物，他们在食用大角鹿的肉的同时，大概还把大角鹿的角作为一种工具或当作具有最初宗教色彩和巫术作用的圣器。大角鹿的皮稍加缝制就是一件抵御寒冷的衣服了。

大角鹿分布在亚洲、欧洲和北美洲。在中国内蒙古河套地区萨拉乌苏河更新世晚期的地层里，曾发现过一种大型的鹿，叫作河套大角鹿。在北京周口店，旧石器时代生活着一种大角鹿，它们是"北京猿人"最常捕获的猎物。它们除了两个角粗大外，头和身体各部分的骨骼也格外大，尤其是下颌骨最明显，所以又叫作肿骨鹿（Megaloceros pachyosteus）。

冰河时期的到来意味着新生代中期生物繁荣局面的结束，一支悠扬激越的生命牧歌的最后一个音符渐渐遥远。这多多少少让我们回忆起了石炭纪沼泽地带两栖类动物和羊齿植物弥布于山水之间的壮观景象，以及侏罗纪晚期爬行类动物和裸子植物全盛时悠然展现在地球上的生命奇景。

在冰河时期的几次间冰期，外表凶猛的剑齿虎目空一切地游荡在莽莽草原上；奇丑无比的河马嬉戏在赤道附近的沼泽地中；还有更多的生命在遥远的天空下哼着梦幻交响曲，把生命的故乡扩展到十分遥远的地方。

冰川纪

地球环境的变化驱赶着或吸引着一批又一批生物走向陌生的地方，在严寒笼罩的山地，那些披着厚厚绒毛的动物吃力地跋涉着。

在北方冰雪长存的荒原地带，一群又一群猛犸象走过；在干旱的草原，大角鹿沿着龟裂的河床寻找着生命之水。严寒随时都会到来，阳光的温暖中夹杂着空气的寒意，雪线下降，冰川扩大，死亡的阴影开始在那些海拔较低的地方徘徊。

二、跨入门槛

人类起源和演化的树形结构最明确不过地说明了人缘于猿。在这棵树上，最初的起于根部的主干就是最早的古猿（Fossil ape），它们是人和现代类人猿的共同祖先。古猿生活在渐新世，它们一般身材不高、后肢稍长、拖着一条尾巴、四足爬行、偶尔站立或笨拙地行走。

它们多数时间都栖息在树上，或钻进深山老林的洞穴中，依仗着自然的恩赐而艰难地生活着。它们除了偶尔拿起一根树枝对入侵者做出示威性的动作而外，大概还不会使用任何工具。我们很难想象这些类人的古猿是如何狩猎的，碰上凶猛狡猾的动物，它们多半是被食者。

它们能够得手的东西一般是受伤的羊或者是跑得更慢的小型动物，当它们饥饿难耐时甚至连虫子也会吃下去。尤其是在冬天，寒流和冰雪覆盖大地，娇嫩的鲜花和多汁的野果统统成了梦中的幻影。一朝醒来，却是无法回避的饥饿和严寒。

河水结成了冰，大陆腹地覆盖着厚厚的积雪，一片苍茫。这样的世界给人一种不可战胜的感觉。在这样的环境下生存，必然要面临严峻的挑战。新生代第四纪的冰河时代是类人猿能否跨进人类辉煌殿堂的一道巨大的门槛。

当冰河时期渐近结束时，我们才找到了一些像早期人类的动物遗迹。在这些遗迹中，使我们深信不疑的不是骨骸而是用具。

这个时期的猿人（Ape man）迈着蹒跚的步履开始了直立行走，它们的脚趾上长着一层厚厚的柔韧角质。它们的手已经能够紧握天然物体，获取食物和抵御敌人。这是一双真正的手了，虽然还相当原始，像毛茸茸的动物爪子，但在从猿变成人的过程中，它们起着关键作用。它们用这双手勤奋地工作着，长此以往，劳动使它们变得更像人了。正如恩格斯在《自然辩证法》中所说的那样：劳动创造了人类。

它们一般生活在温润的草原和灌木林地，食性复杂，荤的素的一概不拒。当食物宽余时还会挑挑拣拣。生命离不开水的滋润，在江河、湖泊、清泉、小溪等一些有天然淡水的地方常能见到它们的身影。

或许它们还会为了争夺不多的洞穴或少得可怜的食物而同类相煎。那大概是人类起源之初的第一场真正的战争。血战是为了生存、为了主权、为了至高无上的利益。胜利的一方无疑是它们的英雄。在一定意义上说，那也是生命进化所必需的。

这些具有猿类特征的早期猿人已经开始制造最原始、最简单的工具了，其实仅仅是一些弄短的树棍或稍微成形的石块之类。它们的突出特点是头骨壁薄，眉嵴也不明显，手指既不灵活也不太有力。它们对自然的依赖和对上天的仰仗远比主动地走进自然的愿望强烈得多。它们的进化还有漫长的路要走。

1965年，古生物学家在云南元谋上那蚌村（也叫大那乌村）早更新世晚期的地层中，发现了两颗猿人牙齿化石，古人类学家鉴定后认为，这是两颗男性青年的上中门齿。经古地磁方法测定，证明它们生活的年代距今约170万年。后来在这里发现的一些打制石器、碳屑和烧过的骨头碎片，说明它们已经能够制造和使用石器，可能也知道了火的使用。它们就是元谋人（*Homo erectus yuanmouensis*），和它们生活在同一天地的动物有剑齿虎、爪兽、始柱角鹿、原始狍、鬣狗、马类及犀类等。

蓝田猿人（*Homo erectus lantianensis*）比元谋晚大约100万年，

它们的化石是在陕西蓝田陈家窝发现的，但它们比北京猿人和爪哇猿人更加原始。和它们一起生活的动物有代表古老时代的复齿兔和丁氏鼢鼠，有带南方色彩的大熊猫、貘、猎豹和水鹿等。这也说明蓝田猿人生活的那个时代的气候比较温暖、湿润；蓝田猿人的主要天敌是剑齿虎、狮子、豹、狼、鬣狗等，主要狩猎对象是水鹿、爪兽、丽牛、三趾马、肿骨鹿和大野猪等。在它们生活过的地方，刮削器、砍砸器、尖状器、石球、石核等的发现，证明它们已学会了打制石器。古地磁法测定发现，蓝田猿人生活在距今 80 万～ 65 万年的中更新世早期。

三、路 途 迢 迢

随着时光的流逝，早期猿人向晚期猿人过渡。晚期猿人的头骨低平，眉嵴粗壮突出。它们的平均脑量约 1060 毫升，比早期猿人的平均脑量多出了约 400 毫升。它们的下肢骨与现代人相似，只是头骨厚度几乎是现代人的两倍，牙齿比现代人粗大得多。一定是生存环境的艰难和常吃生肉坚果铸就了这些典型的生理形体特征。

它们开始使用各种石器，还留下了用火的遗迹，这是人类起源和发展史上的一个重要里程碑。晚期猿人的著名代表是北京周口店龙骨山上发现的北京猿人（*Homo erectus pekinensis*）。

1929 年 12 月 2 日，中国古生物学家、古人类学家裴文中（1904—1982）发现了第一个北京猿人头盖骨，轰动了全世界。到目前为止，共找到了代表不同年龄和性别的 40 多个北京猿人化石材料，几万件石器工具，厚厚的用火遗迹和无数动物化石。

据此，人们认为，当时的周口店，其环境与今天大不一样。山上长着茂密的森林，向阳的坡地上是一眼望不到尽头的草原，附近还有相当广阔的湖泊和河流。这里生活着各种动物，如狼、老虎、狐狸、豺、獾、猕猴、羚羊、鸵鸟和肿骨鹿等，附近有时还有凶猛的剑齿虎出没。

北京猿人的生活非常艰苦，他们把石块和树枝加工成各种工具，那是野外狩猎必不可少的。除了打猎，它们还挖掘植物块茎，采摘野果充饥。一般来说，它们的寿命很短，很多人没到成年就因为伤残和疾病死去。那个时代几乎没有真正的老人。比北京猿人略早些，在印度尼西亚爪哇岛一个叫垂尼尔的地方，还发现了爪哇猿人（*Pithecanthropus erectus*）。

我们的想象由此展开。那个时期，在地球的大部分地方，各种高大茂密的森林覆盖着连绵不断的山脉，在深山中狭长的谷地里散布着一片又一片草地，在缓慢爬升的山坡上盛开着各种花儿。峰峦叠翠、绿茵如织、山花绽放、阳光灿烂、白云悠悠、空气湿润、天空是瓷蓝色的。附近还有闪着微光的湖泊及湍急的河流。偶尔还会传来波浪和岸边的岩石相撞的声音，这声音游荡在空旷寂寥的大山深处，久久不散。

天空中不时飘过一阵又一阵生命的歌声，那是新生代的鸟类充满激情的咏叹。沼泽广布的草地和云雾缭绕的山林，是各色动物游牧的乐园，它们中有相当一部分是我们至今仍然熟悉的，如狮子、老虎、野驴、岩羊、山猫、秃鹫、野猪、大象等。在一片开阔的青草地上，一只鸵鸟正拼命地向前跑去，后面有一只凶猛的剑齿虎紧追不舍。

晚期猿人在寂寞单调的操劳中打发着无聊的时光，它们把河滩上的石块敲打成各种工具，像石斧、石刀、石锤、石钵之类都是很原始和粗糙的，但这毕竟是通过劳动磨炼出来的一双手创造的蕴含原始人类信念和思想情感的作品。

晚期猿人每时每刻都面临着死亡的考验，严酷的自然环境将无情地淘汰掉所有没有能力面对这一切的人。人类的进化在默默无闻的日子里继续着。进化的路上有时候充盈着柔和的韵律，有时候会响起杂乱的噪声。

在亚洲、欧洲、非洲，都可以找到猿人的足迹，其中以非洲大陆猿人的历史最为古老，发现的化石种类也最多。在埃及荒漠、埃塞俄比亚高原、刚果河谷、维多利亚大湖沿岸，到处都可以找到猿人的化石和它们使用过的石器。

它们躺在松软的干草上，迎着太阳捉虱子，或跟幼年小猿人嬉戏玩耍。每到黄昏，它们吃饱喝足了以后，就早早地躺在地上，闭着眼睛，蜷缩着身体，把头枕在毛茸茸的手上。它们或许还会想一些事情。

它们抵挡寒冷或风雨的常用办法就是把一些草或树叶用手举起，遮挡在自己的身上或头上，它们慢慢知道了兽皮能够御寒，但剥下兽皮是一件相当困难的事。

可以想象它们一手拿着石刀，一手抓着兽皮往下剥时的滑稽和笨拙。但它们艰难地实践着用双手创造一个世界的最初构想。它们准确地印证着"劳动创造了人类"（出自恩格斯的著作《家庭、私有制和国家的起源》）的伟大预言，它们为从猿到人这一变化的实现、为这一过渡形态的手脚分工做出了革命性的贡献。

当它们直立或行走时，往往是两手向上抬起，两臂在肘、腕等处稍稍弯曲，其目的是保持身体的平衡。它们跑得还是相当快的。如果要想跑得更快，它们的两个前肢也时不时地触及地面，这样既能维持动态的平衡又能加快奔跑的速度。当它们遇到陌生的环境或奇怪的东西时会发出"啊啊……呀呀……噫噫……"之类的叫声，原始的语言正在形成。

人类的起源也许并不那么简单，在猴子和最初的古猿之前是一片真正的空白，生命演化的链条是断开了的，而且，让人迷惑不解的是，这样的断裂带还很多。也许有人会问，猴子是从何演化来的？这不是一个简单的问题，正如人类学家理查德·利基（Richard Leakey，1944—　）在《人类的起源》中所写的："目前发现的最早的腊玛古猿的沉积物是古老的，就像随后在亚洲和非洲发现的这个属的古猿的沉积物一样。因而西蒙斯和皮尔比姆得出结论，最初的人出现于至少1500万年前，可能是3000万年前，这种观点被绝大多数人类学家接受。而且，人类起源时间如此久远的信念，使人类乐意接受与自然界之间的距离，这得到了许多人的认可。"

猿人在吃掉动物以后，发现这些骨头还是一种很好的工具，随后就普遍地使用。但骨器不同于石器，它们很少能够保存下来。我们不知道它们对骨器的喜爱到底有多深，其制作骨器的技术到底有多复杂。

但石头能够印证时间的永恒、历史的悠久及史前文明的绵长深厚。那些由河边卵石敲打粗石制成的简陋石片、刮削器和其他砍砸器是一个遥远时代的标志。它渗透着远古技术的概念和朦胧的对称意识，还有某种未开化的浅层文化韵味。那大概是蓝天白云下能体现狩猎者真正心理动机和原始审美意识的杰出作品。

也有人提出最早的猿人出现在大约 700 万年前，如果这个假设不错的话，也意味着我们的祖先从能够直立行走到开始学会制造石器的时间间隔有 500 万年之久。对于我们有限的生命来说，这是一个漫长得无法想象的时间。

悠悠生命如何能趟得过这条历史的长河而发生某种质的飞跃呢？在我们的感觉中，一切都是难以超越的，包括原始的生命形式，也包括人类古老的文化和习俗，还包括某些政治体制和运行机制。

四、希望在前

汹涌澎湃的大河、碧波荡漾的湖水、游弋在天空中的白云，浓缩了所有美丽的绿地——大自然韵味十足、魅力四射。

那一缕深情的阳光、那一声质朴的吟唱、那一汪清澈的泉水。在北方深蓝色天空的几抹白云下，一群又一群鸟类飞过，美丽的歌谣也从半空中传来，那一声声人类似懂非懂的清音与岩石碰撞后又被传给静止的湖水，水波轻轻地荡开。

那是一个游离于梦幻之外的真实世界，刻满生命情感和人类故乡的记忆，是超越了有限时空，迷恋遥远时代的深切呼唤。它引领着我们走进昨天，走进充满诗意的生态世界。

这是一幅动人的风景画，让我们想起猿人曾经住过的地方，想起游荡在山野里充满生命质感的声音。今天，这声音已经消逝，但我们仍然可以从地底的岩层中寻找它们的足迹，寻找它们曾经用过的工具，寻找它们无意中留下的艺术遗产，从而有可能构建一幅绚丽多姿的原始画面，重构它们轰轰烈烈的生活场面。

在大约 25 万年前海德尔堡的砂岩中，人类学家发现了另外一些属于猿人的蛛丝马迹。那里有很多石器默默沉睡在地下，已经是一类需要较高技能的作品。粗糙的痕迹已不再多见，有些还比较精美。

同时，在海德尔堡的沙坑里发现了一块和人类相似的没有下颌的粗颚骨，比真人的颚骨重而且窄，这种形体结构是这些叫作"海德尔堡人"的猿人所特有的。它们肯定还相当原始，基本不会说话，甚至也不具备用舌部发出清晰声音的能力。它们有着发达的四肢，长着扇子一样的大手和浓密的毛发。

这块粗壮的颚骨激发了我们的好奇心和想象力，我们似乎能够想象它们在莽莽荒原上为了食物而四处奔波，并且还要时时提防着剑齿虎的突然袭击。

早在 19 世纪后半叶，达尔文就提出了人类起源于非洲的观点。在《人类的起源及性的选择》一书中，达尔文指出："在世界各个地区，现存哺乳动物和同区域的绝灭种密切相关。所以，同大猩猩和黑猩猩关系密切的猿类，以前很可能栖居于非洲；而且，由于这两个物种同人类的亲缘关系最近，所以，人类的早期祖先曾生活在非洲大陆而不是别的地方，似乎就更加可能了。"

达尔文提出这种观点时，出土的人类化石还很少，其他各门与人类学相关的科学也不发达，因此，达尔文所言只能是一种推测和假设。达尔文的观点曾因"北京人""爪哇人"的发现而一度被否定过，但现在随着东非一系列人类化石的出土，大部分人类学家都肯定了达尔文的推论，依据如下。

（1）只有在非洲大陆发现了迄今为止人类进化各个阶段的化石，

这些化石包括腊玛古猿、南方古猿及"完全形成的人"（能人、直立人、智人和现代人）。迄今为止，已知最早已完全形成的人的化石，也是在非洲大陆发现的。

（2）非洲地域辽阔、地形多变。有浓郁的热带原始森林、茫茫的大草原、耸立的高山、裂谷和成串的湖泊。外部自然环境对猿类进化起重要促进作用。东非火山活动对人类进化的影响更引人注目。火山引起的山火使热带草原进一步扩大，这很可能有利于人类的生存和进化。火山活动堵塞河流，形成沙洲和湖泊；火山喷出的各种元素，也促进了万物的生长和发育。

（3）最近的分子生物学研究结果表明，非洲的大猩猩和黑猩猩与人有最近的亲缘关系。这给达尔文的推论提供了有力的科学依据。

因此，我们可以认为，人类起源于非洲的可能性较大。

五、消逝在地平线上

19 世纪中叶，在德国杜塞尔多夫城附近尼安德特峡谷的一个山洞里，发现了一具男子骨架。英国著名的地质学家赖尔随后考察了这一地区，还把这一男子的头骨模型带给了自谦为达尔文"斗犬"的著名生物学家赫胥黎，赫胥黎认为这是他看到的最像猿的人类头骨。此后不久就把这一骨架命名为尼安德特人（*Homo sapiens neanderthalensis*）。

20 世纪初，在法国发现了一具尼安德特人的骨架、大量石器及动物化石。今天，人们普遍认为，属于尼安德特人类型的化石分布广泛，如中国的许家窑人、丁村人、大荔人、桐梓人都是。这充分说明尼安德特人生活的空间比猿人要广阔得多。

他们能够制造相当精致的工具，且用途广泛，他们会用石制的尖状器做标枪矛头，用石球做飞石索，猎取游荡在高原上的各种动物。

他们还知道利用兽皮做最初的衣服，不再像猿人那样赤身裸体。和猿人相比，他们显得更文明了些，他们制作石器的技术有了进一步提高。

尼安德特人生活在约 20 万～4 万年前。那时地球上的第四纪冰期尚未达到最低点。从化石和遗存的骨架分析，尼安德特人眉嵴非常发达，前额不高、嘴巴突出，脑量比"海德尔堡人"还大。他们有厚重而突出的下颚，拇指不能像我们这样自由灵活地向其他手指弯曲，颈部也不灵活。

他们和人类仍然有很大不同。在牙齿结构上，他们的臼齿比人类复杂，臼齿没有长根，也没有人类通常所具有的犬齿；在头骨结构上，他们大脑的后部比人类的大，前部又较人类的低平；在智力水平及心理方面，他们远远低于人类。这都说明他们是相当原始和简单的种族。

在尼安德特人还活着的时候，世界的气候及地形地貌与今天有明显不同。当时覆盖欧洲的冰雪一直延伸到泰晤士河、德国中部和俄罗斯一带。法国和不列颠岛之间还没有海峡。地中海和红海还都是洼地，只是在纵深地带可能点缀着一些湖泊。现今早已成为内海的里海在那个时期却是十分巨大的，它横亘在东欧南部并远及中亚。而西班牙和法国南部，在阳光明媚的夏日里绿意浓浓、溪水清清。但整个欧洲气候的寒冷程度不亚于今天的拉布拉多半岛。

在高原上，一些耐寒动物，如猛犸象、披毛犀、大野牛及大角鹿等时隐时现，它们随着季节的变化而来往于南方和北方之间。

尼安德特人不可能以这些大型动物为食，除非它们伤残或病死。尼安德特人只能以捕猎一些小型动物作为肉食，他们主要靠采集野果和植物的根茎为生。从尼安德特人化石所见的整齐紧密的牙齿判断，他们大概以素食为主。

尼安德特人生活的艰辛不言而喻。在他们居住过的洞穴中遗留着一些大型动物断裂的长骨，那一般是被吸去了骨髓以后留在那儿的。他们使用的工具和狩猎技术还比较原始，因此，他们无法与剑齿虎等大型动物进行搏斗，想必他们在获取这些动物时是动了些心思的。比如，乘野兽渡河之机用长棍和乱石去袭击；或者设置陷阱去捕捉；或者远远地跟在兽群后面，把那些掉队的伤残者拖回去集体分享。

德国人类学家沙夫豪森（Herman Scharfhowson）在其论文《关于最古老人种的颅骨》中系统地分析了尼安德特人，这篇论文于1861年4月首次发表在《博物学评论》中，他这样写道："因为我们现在已不能把原始世界看作是由和现代完全不同的万物构成的，它们和现代的生物界之间没有任何的过渡型，所以我们现在的化石的含义，在应用到这块骨头上时，已经和居维叶时代理解的意义不同了。有充分根据可以假定，和洪积期的动物共同生存过的许多未开化的野蛮人种，在有史以前的时代就已经绝种，而只有一些体质上经过改进的人种能够延续下去。尼安德特人的骨头所呈现的特征表明，尽管还不能确定它们的地质时代，但显然是极古时代的遗物。还有一点要注意的是，洪积时期动物的骨头，通常虽然是在洞穴的泥土堆积层中发现的，但这些遗物至今还没有在尼安德特洞穴中发现过。这些骨头的上面覆盖着1.2～1.5米厚的泥土堆积物，但是没有被石笋掩盖，并且骨头还保存着大部分的有机物质。对于尼安德特人头骨额窦部分异常的发育状态，我们没有任何理由把它看作是个体上或病理上的变形。这是一种典型的人种上的特征，并且在生理上是与骨骼的其他部分异于常态的厚度相联系的，其厚度超过普通骨头的一半。额窦是气道的附属部分。这种扩大的额窦也表明躯体在运动时具有异常的力量和韧性。正像骨骼上一些供肌肉附着的嵴和突的大小所表现出来的一样。总之，在尼安德特发现的人类骨骼和头骨在形态的特异性上超过一切人种，而可以得出他们是一种未开化的野蛮人种的结论。尽管在发现他们骨骼的洞穴中并未伴随任何人工制品的遗迹，也不了解这洞穴是否为他们的墓穴，或者是像在其他地方发现的绝灭动物的骨头一样，是被水流冲进洞里去的。虽然这些问题还不能得到解决，但是这些骸骨仍然可以被认为是欧洲早期居民的最古老的遗物。"

在一个相当长的时期内，尼安德特人以欧洲为据点，活跃在森林和草原交织的山谷和平地，并且不断地向非洲和亚洲扩散。他们大概是那个时期地球上最高级的生命。虽然还没有可以表白的语言，但借助于发达的手势和原始的"咿呀之声"也可以互通信息和表情达意了。

大约3万年前，地球气候开始转暖，当时的欧洲被大片森林和广阔草原覆盖，阿尔卑斯山上的冰雪在缓慢地融化着。这个时候，在尼安德特人世世代代居住和生活的广阔土地上，突然出现了一种更聪明、有更丰富的知识、能说话和相互合作的人种。

在尼安德特人的眼里，他们是一些无恶不作、十恶不赦的"坏蛋"。他们把尼安德特人赶出了洞穴和居住地，侵占他们世居的栖息地，掠夺本应属于尼安德特人的食物，甚至还霸占尼安德特人中年轻漂亮的女人。

3万年前的战争肯定相当残酷，最终结果是尼安德特人基本灭绝。这些能征善战、智商明显高于尼安德特河谷那些远古居民的新闯入者就是和现代人类有着同样血统的真人。

六、趟过梦河

解剖学的研究结果告诉我们，真人的头骨、拇指、颈部、牙齿和现代人类完全相同。在克罗马农和格里马耳底的洞穴里发现的一些遗骨是今天所知最早的真人遗迹。

他们就是克罗马农人（Cro-Magnon man）。克罗马农人是1868年在法国多尔道尼州克罗马农的一个崖窟发现的，共有5具人骨，同时发现的还有灰坑、驯鹿骨骼、石器工具及穿孔贝壳等。在这些人骨中，有一具老人的骨架最惹人眼、也最为完整，这就是著名的克罗马农老人。经法国人类学家研究发现，他们和尼安德特人不同。

克罗马农人的外貌与现代欧洲人基本相同，他们身材高大（男性的平均身高约180厘米），体格匀称，男性平均脑量为1600毫升，但头骨还比较粗壮。克罗马农人的经济、技术和生活状况已有很大提高，他们能把石头、骨头和鹿角加工成匀称、精巧且实用的工具和各种工艺品。在这些 3 万～ 2 万年前人类的创造里已经广泛渗透着美的对称性要素和比例协调的概念了。

他们还发明了弓箭、投掷器、鱼叉、鱼钩等复合工具，他们能够捕捉各种大型动物，包括披毛犀、猛犸象、野牛等，还能在江河湖畔和浅海滩捕捞鱼类和贝壳类。他们还发明了人类最早的船——一种类似独木舟的能载人的东西。

克罗马农人已经有了丰富的精神生活。在西欧和北非的一些洞穴中，曾发现了克罗马农人留下的壁画。克罗马农人用天然颜料掺上动物脂肪在洞穴的壁上作画，把他们对美的渴望、对自然的理解及心理情感寄托在宏大的画面上。这些壁画酷似今天的油画，绚丽多彩。

开始时，他们创作的多是单色壁画，后来渐渐发展到彩色画。题材大多是动物和人，那些形象逼真、栩栩如生的壁画真实地再现了远古时代的宏大生活场景。

画面上常见的动物有披毛犀、猛犸象、野牛和各种鹿类——有的在蹒跚行走；有的在飞奔疾驰；有的身上画着箭头，表示已被人射中，奄奄一息。有些壁画上一群人正引弓围歼鹿群；有些画上是披兽皮的人，可能是一种伪装或进行宗教活动，甚至还发现了妇女在树上采蜂蜜的画面。

透过这些模糊不清的壁画，即可看出他们的生活内容是多么丰富，他们对世界的认识是多么深刻。在这些内容多样化的情节展示中，我们差不多能够感受到他们的呼吸及生命的脉动。同时，让我们不得不沉思的是，猛犸象、披毛犀、大角鹿等大型动物的灭绝与更加聪明的真人广泛游猎在北方的山林草泽中是否有着某些更深刻的联系？这很可能绝不仅仅是时间上的巧合。

更新世末，间冰期的到来只是大环境为生命的发展所做的一个基本准备。局部的寒冷永远存在。在更广泛的意义上，间冰期的到来很有可能是它们灭绝的一个借口。

其实，对于史前人类的活动和滥用自然的行为我们所知甚少，我们或许远远低估了他们的能力。当代世界所发现的众多史前文明的神秘遗存强烈地暗示我们，我们对那个已逝时代的了解还远远不够。

在这些洞穴中发现的塑像大多是女性，这说明当时妇女在社会中有很高的地位，可能是女权高于一切的母系氏族社会的集中体现，也可能是人类自古就有的母性崇拜思想的体现。在这种天然的流露和曲折的映射中，浸润着人类最早的思想情感和审美意识。

比克罗马农人稍稍晚一点，大约在 1.8 万年前，在北京猿人曾经生活过的地方生活着另一种晚期智人——山顶洞人。山顶洞人发现于"北京猿人"遗址猿人洞的顶部，1930 年在清理周口店龙骨山北京猿人堆积界限时发现了其顶部有一个山洞，这就是山顶洞遗址。此后不久，从洞中发掘出一具男性和两具女性头骨，以及一些骨骼化石。山顶洞人（Upper cave man）的名称由此而来。

山顶洞人和北京猿人大概有某种血缘上和遗传上的联系，或许山顶洞人就是北京猿人的子孙后代。与原始笨拙的老祖先北京猿人相比，山顶洞人要灵巧得多，在体格特征和长相方面，在智力水平和制作技术方面，他们都不是昔日的"北京猿人"所能比的。

山顶洞人的外貌和现代人没有什么两样，具有现代蒙古人种——黄种人的基本特征，稍稍原始的地方是头骨壁还比较厚。与山顶洞人化石一起发现的还有石器、骨器、装饰品和一枚骨针。石器少而且很粗糙，但一些装饰品和骨针却是罕见的珍品，装饰品为项链，有钻孔兽牙、海蚶壳、石珠、小砾石、鱼椎骨等。

山顶洞人的生活环境虽然和北京猿人时代相差不多，但创造力却有了很大提高，除了猎取陆生大小动物、捕捞小河和湖泊中的鱼类，还具有一定的审美心理和原始的宗教意识。

他们学会了人工取火，会用兽皮缝制衣服。他们开始萌生了原始艺术的意识，对美的追求已经很普遍。妇女们戴着项链，男人们把精美的贝壳放在自己的枕边一遍遍地观赏着。他们还有了原始的交换活动，据考证，海蚶壳就是与遥远地区的部落进行交换活动的证据。

这个时候，宗教已经起源，而且作为主要的意识形态力量进入了人类的生活。原始的宗教和狩猎巫术已经成了人类社会生活的重要组成部分。经过考证，人类学家认为，山顶洞人已经产生了原始宗教的观念，认为灵魂不死。他们还广泛地奉行着一种习俗，即在人死之后举行葬礼时，用死者生前遗物作为陪葬，并在尸体周围撒上红色的赤铁矿粉，希望死者能够获得重生。

山顶洞人是原始蒙古人种的典型代表，与现代蒙古人种中的中国人、美洲的印第安人和北极地区的爱斯基摩人特别相近。一种流行的观点认为，他们不仅是中国人的祖先，而且还可能是印第安人和爱斯基摩人的远祖。

七、进化的思考

如果认为大型类人猿出现于3000万年前，把草原作为主要生活场所的猿人出现在400万年前，那么，这就意味着在3000万年～400万年前，类人猿离开森林，转移到草原上去生活。

4000万年前，喜马拉雅造山运动开始，年平均气温急剧下降。这意味着，冬季的低温也急剧下降了。因此，猿栖息的森林也在移动着位置。猿所栖息的森林，不是冬季落叶的温带落叶阔叶林，而是常绿阔叶林，因为它在冬季不会落叶，叶和果实可以作为食物。这种常绿阔叶林随着气温的下降，从高纬度地区向低纬度地区移动，与此同时，猿类也不得不向低纬度地区移动。结果，它们全都生存在热带。

考古学家在印度的西瓦利克发现了1000万年前灵长目的化石，把它们归为腊玛古猿。最初它们被视为猿人（南方古猿）的祖先，最近的研究表明，它们和猩猩相似。

另外，在同人类起源有关的1000万年前古亚洲的西瓦利克地区被喜马拉雅山脉和南面东西走向的海洋包围着。这一海洋是特提斯的遗迹，自中生代就一直存在。在这个时代，腊玛古猿生活在西瓦利克，说明这一带曾是常绿阔叶林带。但是，从1000万年前的中新世后期至上新世，气温进一步下降，而且，喜马拉雅山脉继续上升。可以设想，西瓦利克的常绿阔叶林急剧缩小，随后，那个地区变成了一片茫茫的草原。

如果是在其他地方，类人猿可以沿着常绿阔叶林移动。但是在西瓦利克及其附近地区，这是不可能的。因为西瓦利克被喜马拉雅山脉和海洋包围着，类人猿完全失去了逃生的场所。为了生存下去，不得不从树上下来，改变生活习性以适应草原生活。

树上生活既安全又可随手取得树叶和果实作为必要的食物。对于类人猿来说，这是天堂般的生活。没有谁会另寻他途而自讨苦吃。所以，放弃这种森林乐园的生活，只能认为是它们不得已而为之。

4亿年前，鱼类爬上陆地时的情形也是如此。不是大型类人猿主动放弃森林生活，移至危险重重的草原，而是因为新环境，它们不得不在草原地带寻找并建立新的家园。这大概就是类人猿不得不从树上下来，并在地面上生存的主要原因所在了。

进入258万年前的第四纪，季节差别越来越大。夏天更热，冬天却更冷。100万年前，地球进入了最初的冰川时代，在高纬度地区产生了冰川。对于猿人来说，躲避夏天的炎热很容易，但抵御冬天的严寒则很难。那时，猿人还不懂得建造房屋，它们自然选择了天然石灰岩洞作为栖息场所。在这样的洞穴中发现了很多原始人留下的遗迹。这正是原始人选择洞穴作为生活场所的证明。

器官使用的频率越高，其发育和进化也就越快，而且，某些性状还能遗传。类人猿在树上只靠臂力摆动时，上肢长于下肢；转为地面生活，用双脚直立行走后，下肢使用频繁，渐渐长过上肢。"生活创造性状"说由此而来，这也是生物进化的原则。在树上用四肢爬行的长尾猴尾巴很长，身体变大，四肢行走很困难，就进化为专门靠臂力摆荡，这就是长臂猿。渐渐地，上肢长于下肢，尾巴消失了，这是生活使性状发生变化和遗传化的典型表现。

　　在地面上用双足直立行走，当然会使双腿发达，并比上肢长。从猿猴到人的进化，明确显示了生活同性状的相互关系，大概没有学者会否认这一点。我们普遍认为，用现代进化论的突然变异和自然选择，来说明人类的进化是十分困难的；相反，从生活得来并遗传下去的理论会被人们承认。

第十二章
古 代 感 觉

　　我们只能凭丰富的想象力去勾勒、去重建、去再现一个弥漫着生命情态的早期人类的世外桃源。

　　当我们穿过时间的隧道走进昔日的场景，当我们超越空间的障碍浪迹在苍茫的大陆腹地，当我们离开历史设置的小圈子而站在纯粹生命的高原时，也许，我们就能看到一个个活跃在三维空间、充满生命气息和如火浮动的形象，他们是那个情韵生动的高原上唯一能与我们亲近的物种，他们是一群最早懂得爱与恨之深刻的人，他们无时无刻不在用稚拙的小伎俩演绎着人类最早的感人故事。那是一幅壮丽的自然画卷，有时候，在充满诗意的绿色布景中还会点缀一些不和谐音符。

在第十一章的基础上，笔者特别构建了一个早期人类生活的画面，以再现远古时代的一种自然场景。因此，本章内容属于笔者主观想象的范畴。

一、自 然 色 光

这是一个让人误以为是大海的高原湖泊，在静止的湖水中，几根浮在上面的独木在轻漂慢移，几个胆大的人骑在独木上游玩，并发出"啊啊呀呀"之类的怪叫，他们既惊奇又兴奋、既高兴又恐惧。

青褐色的天空中游弋着几抹湿淋淋的云彩，一群又一群飞鸟擦湖而过，清澈的湖水浸透着刚刚走过的冰期留下的凛冽。在更远的南岸，是一层又一层云雾，清醇的空气弥漫在山野。在湖的东端，有一个出口，那是一条大河的源头。有了这片山水的点缀，生命如梦中情韵幽深的记忆，如旧石器时代迎着太阳的岩画。

湖四周是高山草甸，以及在山花野藤的衬托下显得更加高大的树木。大地的深绿和湖水的湛蓝代表了一个时代自然的极致。遥远的地方是一座又一座险峻的山峰，山峰上似乎还积存着经年的冰雪。山的颜色随着海拔的升高而变化，这如梦一般的存在印证着物质世界的深刻和复杂，也寄托着人类的期望。

你能感觉到宇宙是无限的悠静，山谷中却是别样的寂寥。一切都像是刚刚出水的柔嫩纯真的生命，不夹带一丝令创造者绝望的污染。这大概就是人类想象中的伊甸园所展示的美好景致。但这确实是古代世界普遍拥有的。

在这样的世界，似乎不用再回忆往昔，不去想生命的演化还会产生什么结果，不用忧虑明天的太阳是否灿烂，也忘记了白垩纪生命大灭绝的历史。

这是一个既深又险的洞穴，在洞穴口还有刚刚熄灭的火焰，黑褐色的灰烬落在地上，堆成了厚厚的一层，还积存着一丝热气。生活在这里的人已经学会了火的使用，虽然方法还有点笨拙。

一条大河迎着夕阳的辉光奔腾不息，汹涌的波涛冲击着两岸沉默的土地，让我们想起了远古时代极具魅力的一幕。它闪射着原始的生命色光和自然情韵。

滔滔河水直下悬崖，即刻变成了一个动态的几何图示，把自由生命的瞬间美丽凝固在永恒的背景里。我们常常想起关于水的一切，这是水的一个最感人的画面。偶遇阻隔，激浪排空，把湿热的水汽和太阳的冷光结合在一起，又梦幻般地落进自然的流逝中。

季节性的河流雕塑着原野的风景，浑厚的土地在溪流的潺湲音响中悄无声息地改变着形貌，生命的声音在河流的流逝中变得更加淳朴。

日月星辰在自然的运转中诱导着人类的思维：关于时间和空间有无边界和限制的问题、关于生命起源的本质问题，以及关于生命进化的最终极限问题。

这里是一块河水泛滥淤积而成的广阔平原，是一块将要孕育出人类的深刻思想、浪漫精神和诗意情绪的黑色土地。高大的榕树、柏树和山桃树依次排列在山脚下，迂回曲折的河岸旁生长着茂密的皂荚树和阔叶杨，更多的地方是灌木丛和绿荫浓郁的草原。

在一年中相当长的时间内，河水缓慢地流动着，水中的小鱼在慵懒的阳光照耀下悠悠地荡来荡去。只有那么关键的几天，河水差不多要枯竭了，但就在这时，上游不远的地方突降大雨，山上、高原上的雨水，统统流入湖中，水又从湖的另一端流出，这就是那条被人遗忘的河流。河水在慢慢地上涨。

不到一个月，梦幻般的平原和山体已变得色彩斑斓，无花的草类和显花植物显示出了另一种生机。蓝天和白云倒映在水底，湖泊和小溪衬托着多彩的原野，低矮的野枣树迎着潮湿的风儿摆动着细枝，空气中浸透着山林沼泽的腥腥气味。

二、乌托邦部落

在一块低平的地上有一群人，男女相杂，在炎热潮湿的夏季一丝不挂全然没有感觉。几个儿童在野地里做着近于游戏的动作，在这种随意的玩耍中不自觉地萌生着学习和模仿的动机，这大概也是他们童年时期最重要的学校了。他们都是相当健壮的，或跑或跳，充满了原始的活力和自然的情韵。

他们凭借频繁的手势说着一些我们听不懂的话，那大概是关于狩猎与采集的事，或者是关于如何分享猎物的事，或者是在讨论明天都要干些什么，等等。总之，是与生计有关的一些问题。

那是一个小集体，更准确地说是一个小氏族部落。从他们的动作表情可知他们没有尊卑之别，真正地体现了一种原始的平等。在一定意义上说，这是一个真正理想的大同世界，不过拥有了太多的乌托邦色彩。如果这也叫作社会体制的话，它最适合那些头脑不太发达、生产力落后又淳朴的原始人类。

几个男人迎着初升的太阳向东方走去，他们要去植物茂密的深山老林里寻找可捕获的动物，那里有更多的机会，是狩猎的理想场地。妇女和儿童手拿着石斧和石铲向南边走去，那里平坦开阔但长着更多的植物，是人们采集的好地方。她们的任务是采集植物的花卉、浆果和嫩叶。狩猎和采集是那个时代人类生活的主题，是他们生命存在的重要形式，也差不多是唯一的一种形式了。这是人人都清楚的。

石器时代的男人狩猎、女人采集，正如青铜时代的男人耕作、女人织布，也正如近代社会的男人经商、女人理家。这是一种自然环境与生产力发展水平相辅相成的完美体现，这是人类群体在特殊岁月中理想的运作方式。一个充满诗意的生命群体在深蓝色的背景中自然地繁衍，却没有留下记忆，没有把他们生活的细节留在永恒的阳光下。

这些准备采集的女人们全身近于赤裸，只是在肩上披挂着一些树叶。她们或背着婴儿，或背着用兽皮缝制的食物袋，弓着身子向前走去。有一个女人手里拿着一根短而尖的木棒，这是用锋利的石刀加工成的。女人们用它挖掘植物的根块或深埋在地下的薯类块茎，她们也许已经知道，这种东西烧熟了是很好吃的。她们三五成群地走着，或许还边走边唱着简单的歌谣。她们有时候排成一个纵队，有时候松散地站成一行，顺着一条小路走向远方。

那里有很多半圆形的小土丘，一个挨一个地凸现在地上。她们知道，那里有更多的植物可供她们采集。那些已经成熟和将要成熟的野果是她们此刻最向往的，大自然慷慨的馈赠极大地充实了她们的梦想，丰收的希望和诱惑在等待着她们。

三、在模仿中学习

在聚居的场地上，留下了两个女人，她们的任务或许就是看守家园。几个光屁股小孩围着一棵高大的桑树尽情地玩耍，一只鸟儿站在树上，不时地唱着悦耳的歌，南边的山坡上开满了金黄色的小花。

远处的沙地上，有几只狗悄悄地躺着。那时候，人类还没有学会驯养动物，这几只狗显然是由于某种心理情感的作用愿意和人类亲近，才小心翼翼地和人类保持一定的距离，也许那时候的人类已经习惯了这种情况，宁愿和它们保持这种不近不远的默契关系，也不把它们作为猎获的目标，有时候还会把吃剩的骨头扔给它们。狗的驯养看样子已经为时不远了。

几个孩子也就是七八岁的样子，他们既不会狩猎也不懂采集，更不能跋山涉水。在这个年龄阶段除了吃喝就只会玩了。但是大人们并不嫌弃他们，在那个时代，人类的生存和繁衍受到了自然环境的制约，人口的增加是部落或氏族中重要的事情，它是关系到人类生死存亡的首要问题，甚至已经融入了巫术中，或者刻在了岩画上。

孩子们在场地的沙滩上做着和现代小孩几乎同样的事情，他们模仿成年人生活的样子做着游戏。一个小孩扮演一只大角鹿，用粗壮的树枝充当两个角，四肢着地装作是在吃草，另外几个小孩假装是偷偷走近猎物的狩猎者，他们手里拿着树枝和石块，还有一根用藤类编成的类似绳子的东西。

不要小看这些游戏，他们长大成人后对付自然环境而生存下去的能力就是在诸如此类的模仿和玩耍中受到启发和得到锻炼的。那是他们最初的学习，这个空地沙滩也就是他们童年时期主要的学校了。

有两个孩子学着制作石器，他们从不远的河谷找来了一些细石块，坐在沙滩上叮叮咚咚地击打着，可敲击了很长时间也没有什么效果。这时，一个成年女人走过来，教他们如何制作石器，她顺手取来两块粗石，沿着一个方向猛地一击，一块完整的石片被打下来了。这两个小男孩便照着样子做，敲击了很长时间还是没有效果，便干脆扔下石块，跑到另一个地方玩去了。

看样子，制作锋利的石器远不是一件简单的事情，它需要一定的技巧，这种技巧主要是通过动作示范来教的。在那个语言尚不发达的古代社会，口头传授主要是对示范动作的补充，他们只有一遍又一遍地去做，动作才会慢慢地变得熟练，技艺才能有明显的长进。

当一块石片从粗石上被击打下来时，他们会高兴得手舞足蹈，嘴里不住地发出欢快的"咿呀"声，男孩子拿起石片，给正在玩耍的小伙伴们看，脸上带着得意的表情。这可是他们劳动的成果，虽然还显得粗笨，但毕竟是他们亲手制作的石器了。

另外几个小孩找到了一根一头削尖的木棒，他们拿着木棒到不远处的小河里寻找游鱼，削尖的木棒是刺鱼的最好武器。那时候，人们还不知道用网捕鱼，他们根本就不知道有网这样的东西，更不会编织。不过，小河里有的是各种各样的鱼儿，他们会有收获的。

这些小家伙们玩得十分开心。小河悠悠，绿水清波中映现出了一轮红日，浪花飞沫折射出了一道七彩的圆弧，他们非常惊奇地看着，又慢慢地走近了些，直到它消逝为止。在小河的中央，兀立着一块巨大的紫黑色岩石，石头把流水分成了两路，河水流过之处发出"哗哗哗"动听的声音，并形成了一层层水雾。

四、收 获 归 来

太阳西斜，大地的暑热一阵弱于一阵。两个女人开始引火，看样子她们是在为晚饭做准备了。晚饭一般是烧薯类，或者是用石钵炒粟，或者是在火上烤一些昨天打的猎物。

这显然是一个母系氏族社会。在那个时代，母权是高于一切的。诸如财产（主要是食物）的分配、养育后代、生产和生活的安排等，都是女性说了算。在那个特殊形态的社会里，头脑简单、四肢发达的男人们对这些女人还是言听计从的。

黄昏将至，远处的山峰披上了一层金红，青色的山影重叠着远方生命的律动，顺着山势能看到莽莽苍苍的森林织成的不凡气势，如浮动的精灵一样感人。在小河边、在洞穴口、在沙滩上，到处充满了一天将逝的温馨和宁静。这个时候大概是一天中最美好的时刻，孩子们、女人们、正在归来的男人们，都有一种收获的欣慰和暗暗涌动的幸福感觉。

有一群女人已经回来了，她们有的背着正在吃奶的小孩，有的用兽皮包裹着植物的花卉、嫩叶和野生的浆果，在她们采集到的食物中，还有山鸡蛋、薯类和蜂蜜等。她们的存在给氏族部落以希望，给少年儿童以安全和幸福，给那些逐日奔波在野外狩猎的男人们以胜利的勇气和信心。以她们为中心建立的那个母系氏族的部落社会是当时社会形态的最理想选择。

那么，那些外出狩猎的男人们会带回来些什么呢？也许会有一些男人们空手而归，一般来说，他们心情沮丧，情绪低落，整整一夜都被失望包围。他们盼望着明天会有好的收获。狩猎是很艰辛的，大多数动物都生有一双善跑的腿，还有一些动物本来就十分凶猛。他们需要时间，一旦机会来临，他们就会得到非常丰厚的回报。那将是多么激动人心的时刻啊。

试想，如果他们拖着一头犀牛或猛犸象、两只大角鹿、五只羚羊和一些山鸡之类的猎获物，那将是一种怎样令人难忘的场面啊！你只要听听那由远而近的喧声，便可体会他们收获的喜悦和对生活的满足了，那声音一定是发自内心深处。他们也许会用漫长的声调对着家的方向喊叫，用原始的语言、表情和动作表达那时的心情。

狩猎场面非常壮观，有时候还相当悲壮。当碰上十分凶猛的野兽时，狩猎者往往成了被野兽猎获的对象。他们也许会以生命为代价换来可怜的收获，幸存下来的人十分悲伤。从这种自然规律和竞争定则中，我们看到的是一种生态平衡在起作用，是自然界的优胜劣汰维系着古代社会的存在和发展。

有时候，一群男人蹑手蹑脚地尾随一群野牛，等待出手的好时机。当有两头伤残和病弱的野牛被牛群甩在了后面，距离拉得越来越远时，猎人们意识到这是一个极好的机会。于是，他们手拿着木棍和石块，从几个方向向猎物靠近。并迅速地冲了过去。刹那间，喊声与杀声已响成一片，自然界中人与动物搏斗的惊心动魄的一幕迅速拉开，这是一幅生存还是死亡的动态图示，最终结果对他们每一方都十分重要。

有几个男人已经进入了最佳位置，他们准确地投出了石块。他们投掷石块的准确性和力度比今天我们中的许多人也许要好得多。另外几个人迅速靠近已被石块击伤的猎物，削尖的木棒是他们最有利的武器。

这些狩猎者，虽然他们浑身弥漫着血污和汗渍，虽然他们已非常疲倦，但他们被胜利的喜悦鼓舞，情绪十分高涨。他们背着或拖着野兽往家里走去（那时候他们大概就有了家和故乡的模糊意识，即朦胧概念）。他们兴奋得张着大嘴"呼啊呼啊"地笑着，彼此逗着乐，把一天的艰辛和狩猎的短暂经历变成了黄昏时刻乐而忘我的精神。他们知道家里的女人们将会以怎样喜悦的心情迎接自己，在夜晚永恒的篝火闪射的光影里，在浑厚淳朴的声声吆喝中，会有各种形式的欢庆和他们融为一体。

接着就是如何割开坚韧的兽皮，得到他们所需要的食物。在洞穴内藏有很多河边卵石、花岗岩石块及各种细石打成的锋利石器，它们是那个时代宰割野兽和划剥兽皮必不可少的工具。他们吃力地剥出肌肉和肌腱，慢慢地把皮和肉分开，然后把兽皮平铺在地上，在上面撒上一层细沙土，以便充分地吸收血水和油脂。

五、篝火飘香

这是晚上围着火堆吃肉的一个场面。这鲜美的肉，经过火烤之后弥漫着一股特殊的焦香味，缕缕肉香借着风儿飘得很远很远。吃肉的场面相当隆重，似乎还要举行一个十分重要的仪式。

仪式的主持者一般是部落内德高望重的女人，她把切下的肉块分给部落的每一个成员，男人们食量大，分得多些，女人和孩子相对少些，他们都怀着感恩的心情津津有味地吃着这些熟肉，这完全是一个充满温馨和亲情的人类大家庭了。在这个大家庭里，"各尽所能、按需分配"的基本原则还是体现得相当彻底的。

　　这样的场合不仅是氏族部落成员维系生命的手段，也是一种重要的社会交往方式。这种方式能把人们有效地联络在一起，维护了部落的稳定和氏族的繁荣。

　　吃过饭后，一些人准备睡觉，另一些人则悠闲地说着话，他们交流着在分开的日子里各自的感受和期盼。在日月星辰的衬托下，在那个同样充满了自由和梦幻的年代里，他们的生活富有情韵又真实可感。

六、背 井 离 乡

　　不久之后，他们意识到雨季正在来临，雨下得越来越频繁，丘陵低地处处是茵茵的绿色，在一些地方还出现了泥泞和积水。水越积越多，河水也在慢慢地上涨，用不了多久，他们住的洞穴就会进水，远古时代的人类对洪水的危害肯定有极为深刻的感受。

　　再过几天，他们就要离开这个暂时的家园，去更高更安全的地方寻找定居点。证明他们曾经在这里生活过的所有东西都会被随后到来的洪水冲走或淹没——包括他们制作的石器、用过的工具、涂抹在墙壁上的简单符号、烧过的炭灰等；包括他们切削过的木棍、划刻过的兽皮、铺地的干草、遮身的树叶及用过的骨器等；甚至还包括他们最原始的装饰品。

　　这些美丽的创造，这些印证了一个时代人类智力水平和技术才能的古代杰作，随着岁月车轮的轻轻一转便被永远地埋藏了。

　　这里曾经是他们繁衍子孙后代、振兴氏族部落的美好家园，这里曾经是他们进行过狩猎巫术和原始宗教仪式的圣地，这里曾经是他们共同居住和相互交往的重要场所。甚至还是他们萌生最初爱情、培养他们人类之爱和生命之梦的地方。生命的歌声渐弱，再过几天，一切的一切都将逝去，永不复现。

　　水流轻轻地荡过河岸，伴随着一阵雷鸣般的巨响，洞穴口的围墙倒塌了。空寂的营地渐渐被齐腰深的水淹没，洞穴已经进水，银白色的细沙一层一层地沉积着，洞穴内更加潮湿，那些留在崖壁上的壁画被水雾一遍遍地侵蚀着，长满了蓬草和丛树的洞穴口又被层层沉积下来的泥土堵住了。

　　热闹一时的场面结束了，凄楚动人的故事结束了，美丽的歌谣结束了，震撼人心的舞蹈也结束了。只留下了他们用过的石器和在洞穴内涂抹的壁画，正是它们昭示着一个已逝时代生命的繁荣和创造的美丽。

第十三章
路 在 脚 下

　　走进昨天，我们发现，生命的辉煌一幕幕闪过，留下来的却是真正的废墟。我们在凭吊和怀旧的同时，却看到了某种原始的阵式，在这一系列或清晰或朦胧的巨大阵式中，我们能够感悟一些生命活动的细节和古代社会繁荣的原动力。

　　人类是唯一的一种智慧生命，这或许还是一种幸运的选择。看来，适应自然的选择而产生的各种演化在本质上神秘复杂，在形式上却易于感知。

一、进 化 之 路

　　人类进化的最后结果是到今天只剩下了一属一种。但是在遥远的古代，在最初的真人刚刚出现在地球上的时候，可能是几个人种并存。但后来，在进化的路上，其他几种相继走失了，没有走完自己的生命历程，只有一种活到了现在，我们就是这中间的一个个体。今天，生活在地球上的人不管外貌如何，都属于智人。

　　进化的过程是复杂的，生命进化的原图谱系是不可能准确复制的。那里留下了巨大的中空地带，这为当代人类发挥丰富的想象力提供了广阔空间。

　　有一种观点认为，生活在热带和亚热带的人所具有的深色皮肤是阳光沐浴的结果。北欧人的白皙皮肤有助于从相对较少的阳光中尽可能多地吸收紫外线，结果使他们的皮肤能制造出足够的维生素 D。爱斯基摩人和蒙古人狭细的眼睛能够更好地适应多雪地带或沙漠地带的强光刺激。欧洲人的高鼻梁和窄鼻道有助于使北方漫漫冬天的寒冷空气在进入鼻孔后速度减慢和变暖。由此可见，生命形态特征和生理功能的进化是自然环境作用于生命本身的结果。但是现在，环境正在发生剧烈的变化，而生命进化的速度也受到很大的影响和考验。

二、自 然 选 择

生命的起源和进化是自然选择过程中最精彩的一幕，人类的起源和进化就更加轰轰烈烈。人类在进化中不断地扩充自己的地盘，在世界各地留下了许多印迹。好奇心、气候变化和环境压力都是人类进化的理由，也是人类迁徙的理由。

人类是自然选择的产物。可是越到后来，人类越远离自然存在的法则，人类在很多方面严重地干扰了自然选择的历程。这最终决定了人类在这个舞台上表演的机会更加短暂。但是，宇宙进化却会无休无止地进行下去。

假如当初人类只生活在相对狭小的区域，以每年 1000 米的速度向外扩散，想象一下：人类扩散到全世界需要多长时间？如果他们的人数足够多，几万年的时间就足够了。如果把某些不可预测的灾难也考虑进去，最多不超过 10 万年。

在利用科学和技术提升文明水平的同时，人类一定要学会理解和尊重自然选择。在很多情况下，遵循自然法则会从根本上解决问题。

三、生 存 根 基

在即将结束本书写作的时候，我们不得不关注当代的人类社会和自然环境，不得不反思我们的所作所为。这其实是很重要的，虽然这个话题比较敏感，我们必须要面对现实。我们必须牢记，人类社会是以和谐永存的自然环境为唯一根基的。在这个基础上，我们心中的"太阳城"才有可能光辉灿烂。

一般而言，在旧石器时代，靠渔猎和采集为生存手段能供养2000万人，超出这一极限，人与自然界和谐共存的平衡就会被打破；在新石器时代和原始农业阶段，地球上的资源能与5000万左右的人口和谐共存，不会发生太大的生态危机；在青铜时代，只要不超过8000万人，地球原生态的美丽不会受到太大的破坏；在以农耕为主体的铁器时代，地球的环境就能容忍2亿人口。

其实，在古代社会，人口基数比上述极限要少得多，纪元以前的古代社会几乎没有出现过人类社会与自然界的深刻矛盾。生物圈是完美的，大自然是原始古朴的。即使到了中古时代，人类也很少体会到生态危机和生存空间过分拥挤的感觉。山清水秀，空气清新，自然界欣欣向荣，完全是一幅可人的风景画般的景致。

日出而耕，日落而息。生活的节奏不紧不慢，生命的牧歌悠扬婉转，锦绣河山清晰可见，自然的韵味随处可感。他们对那个时代的美丽生态有着更多的咏叹和赞颂。这种现象在世界各地普遍存在。关于这一点从那个时代众多的诗词中可窥见一斑。

真正的生态危机主要缘于中古时代后期，而在当代社会更是以人们能够感觉到的速度加剧着。而这一个时期也是科学技术突飞猛进的时代。人类利用科学技术带来了既得利益的最大实惠，同时也带来了极其严重的消极影响。它们几乎伴随着人类的生命历程，成为包括政治理想的实践者和科学思想的传播者在内的整个人类的两难选择。

仅就人类活动的结果而言，各种灾难如洪水般涌来，人口爆炸、乱伐滥猎、森林锐减、植被退化、物种加速灭绝、空气极度污染。这一切导致空气成分比以往任何时候都要复杂。温室效应、臭氧层空洞和紫外线灾难对生命的正常存在构成了极大威胁，土地荒漠化、荒漠沙漠化、水土流失、化学污染（酸雨和毒雾）、淡水资源枯竭、地球水体和土壤的污染、核威胁、顽固而不顾一切后果的生存方式、矿产资源枯竭、极限消费和浪费、对科学的滥用等，都是我们社会面临的严峻问题。

还有人类群体在很大层面上意识形态的某种扭曲和极端化。所有这些非善的因素综合作用的结果将是整个人类社会面临的巨大挑战。

马尔萨斯（Thomas Robert Malthus，1766—1834）从前是一位默默无闻的英国牧师，因其在《人口原理》一书提出的著名的人口理论，成为英国经济学界的代表人物。

马尔萨斯是从自然的属性出发完成了人类历史上最具价值的著作，它对人类社会的影响深刻而久远，它影响了人类社会的政治选择、经济政策的制定，成为人类文化的重要组成部分。虽然有不少人或不少代表某些政治利益和阶层的人对它充满了敌意，但在本质上，谁又会否认它是一剂苦口良药呢？

马尔萨斯的《人口原理》固然忽视了人口与经济的社会属性，但那是相对次要一些的东西，即使在今天，马尔萨斯所强调的自然属性仍然是最本质的东西。另一个值得我们学习的是，他敢于直面现实问题的勇气、敢于陈述自己观点的勇气、敢于超越时代和历史局限性宣扬新思维的勇气都是空前的。那种深刻的忧患意识、居安思危的意识、无限的启蒙力量令人肃然起敬。

四、生 于 忧 患

自然不是一个抽象的概念，它首先是一个充满生命活力的系统。在它巨大的背影闪过之后，留给我们的却是带着伤痕的记忆，是在一片衰朽中诞生的原生哲学所营造的经久不衰的韵味，是与生命现象混为一体的混沌境界。在那里，智慧的影子消逝在原始的丛林和苍凉的高原，靠着纪念碑式的记忆，人类的理智跟自然的原始信念渐渐拉开了距离。

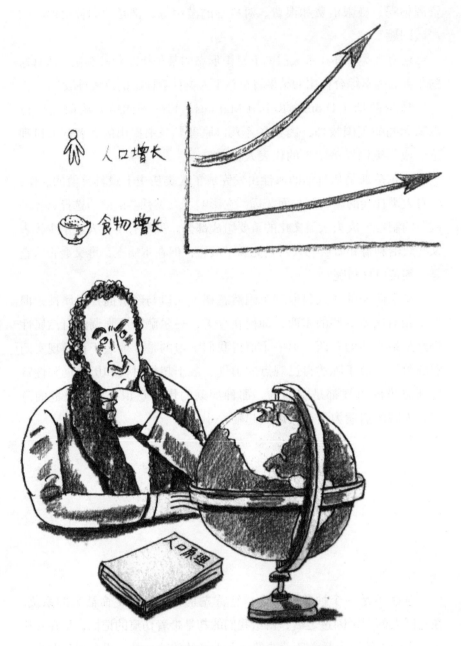

英国著名经济学家和人口学家马尔萨斯

现代社会的许多做法都是反自然规律的。在欧洲、在非洲、在亚洲、在美洲，在世界的每一个有人的地方，远离自然的人类在走向梦想的明天时几乎都做出了一个同样错误的选择。自然的原始色彩越来越淡化，人类在"改造自然实现美好大同社会"这一宏伟口号下却真正地实践着打破脆弱的自然平衡和生态平衡的行为。

那种失控的单向性的机械力学运动方式；那种以有限资源加速破坏和枯竭而带来的一时的绚丽和虚浮的繁荣；那种以当代地球上的生物种类在地质历史上以无法想象的速度走向灭绝而建立起来的一个以人类为中心主宰世界的单一格局，给我们的时代制造出了强烈的不和谐音。

从自然界和人类文明和谐永存的角度看，当今的世界会让人每时每刻悲从中来。我们必须清醒地意识到，这是一种非常含蓄的说法。稍稍说得尖锐点，用诸如"灾难""危机四伏"来形容是一点也不为过的。

一种又一种、一批又一批的生命在人类征服自然的嘹亮歌声中和战天斗地的冲天号声中相继死去。美丽的生命图景渐渐淡出了我们的视野。人类社会的战车向着更高的高峰驶去，自然世界的肌体向着更低的低谷衰落下去。

庞大的恐龙类从三叠纪出现到白垩纪末消逝，经历了漫长的1.6亿年。人类的生命历史，即使从最初的非洲猿人出现算起，到现在也只经历了约500万年的时间。展望未来，人类的田园牧歌还能够低吟浅唱多久？

五、人类属于地球

创生的壮丽衬托着前进的步伐，一切都会展现于世并最终达到辉煌的极限。打个比方，可以说，现在的人类正处在地球上所有生命的极盛时期，也处在人类整个生命历史的极盛时期。

我们习惯于使用"光辉的顶点"来形容我们不平凡的业绩。什么是顶点？顶点是一条通道的终结，是一种方法的寿终正寝，是一种哲学思想和一个生命群体动态演化即将走向衰落的开始，是一个物种从辉煌走向灭绝的开始。走过了极盛，明天的太阳有多么灿烂，我们心里大概还是有数的。

人类是属于地球的，可人类的智慧却常常让自己觉得地球属于人类，以为自己可以随意支配地球上的一切。

人类进化的结果，是越来越认为自己是自然世界唯一的主宰，以自我为中心的思想表现在所有领域。人类对自然的研究绝大部分都是建立在自己利益的基础上的，生存和发展的需要推动着一切事业的进程。人类对各种未知现象的探索虽然也有好奇的成分在内，但更多的却是对物质利益的追求。这种追求和本身所获得的满足程度决定了人们对幸福的理解。

我们往往喜欢用"主宰"这个美丽时髦的词儿，主宰世界、主宰历史，还要主宰别人的命运。最可怕的是，人们往往滥用了"主宰"这个权力。

想一想吧，当这个世界上没有了犀牛、没有了飞鸟、没有了狮子和老虎、没有了大象和骆驼、没有了更多的哺乳类和爬行类、没有了最基本的绿色屏障、没有了蓝天、没有了碧水、没有了能自由呼吸的空气，我们还能够去主宰谁？

纵观地球的历史，除了星际灾难导致生命的大毁灭而外，还有哪一次生物由于自身的进化因素造成的灭绝能有当代如此迅速？而如此惊人的生物种群大灭绝却是人类进化的结果，是文明的战车在古老的驿道上轰然而去的结果，是一种错误的思维和意识在芸芸众生中生根发芽的结果。

可以设想一下，如果我们再一味地在开拓开发的大旗下到处滥采乱伐，最后的结果会是什么？静下心来认真思考一下，能量的转化是有代价的，永动机是不存在的，热力学第二定律是不可违背的。

当代人类社会的发展是以走向地球能量消耗的极限为代价的，是以人类内心深处的痛苦为代价的，是以走过极限必然要陷入当代科学技术和人类智慧也难以超脱的深渊为代价的。人类的忧患意识根深蒂固，从最早的"杞人忧天"到当代的拯救自然，都是人类关于生命意识和自然观念的睿智表现。当代科学也许能够"亡羊补牢"，这就看人类如何利用了。

六、梦想乌托邦

地球的生态利益高于一切，世界大国更应关注这一问题，这是人类社会面临的共同选择。须知，我们不再仅仅是签署几个环境公约和生物多样性公约、不仅仅是制定一些如"聋子耳朵"的政策、不仅仅是做一些文过饰非的宣传，而是应投入更多的技术、力量、资金去维护世界现有的资源不至于受到毁灭性破坏和浪费，维护地球的生态环境不至于向着灾难性边缘发展。人类的大同社会、美丽的乌托邦梦想、生命的伊甸园和康帕内拉的太阳城也许正是在这里才有根本的出路。

"人是那些对于其所接近的目标毫无预见的原因的产物；他的出身、他的成长、他的希望和恐惧、他的爱和他的信念，都不过是原子偶然排列的结果，没有任何火焰、任何英雄主义、任何强烈的思想和感情，能够超越坟墓而保存一个人的生命；世世代代的一切劳动、一切虔诚、一切灵感、一切人类天才犹如日行中天的光辉，都注定要在太阳系的大规模死亡中灭绝。"英国哲学家罗素（Bertrand Russell，1872—1970）的这段话或许过于悲观，但他所具有的深切的忧患意识和难以走进大众心灵的睿智思想却令人敬佩。法国生物化学家莫诺（Monod，Jacpues Lucien，1910—1976）在《偶然性和必然性》一文中写道："人类就像是一群孤独的、毫无归宿感的吉卜赛流浪汉，而宇宙对他的歌是不闻不问的。"让我们牢记莫诺在文中说过的另一段话："古老的盟约撕成了碎片，人类至少知道他在宇宙的冷冰冰的无限空间中是孤独的，他的出现是偶然的。任何地方都没有规定出人类的命运和义务。王国在上，地狱在下，人类必须做出自己的选择。"

就以此作为本书的结尾吧。

参 考 文 献

阿尔弗雷德·魏格纳.2006.海陆的起源.李旭旦译.北京:北京大学出版社.

阿西莫夫.1979.人体和思维.阮芳赋,张大卫,等译.北京:科学出版社.

阿西莫夫.1979.生命的起源.周惠民,等译.北京:科学出版社.

阿西莫夫.1979.宇宙、地球和大气.王涛,黔冬,等译.北京:科学出版社.

柏拉图.2005.蒂迈欧篇.谢文郁译.上海:上海人民出版社.

贝尔格.1997.气候与生命.王勋,吕军,王湧泉译.北京:商务印书馆.

陈蓉霞.1996.进化的阶梯.北京:中国社会科学出版社.

达尔文.2001.物种起源.舒德干,等译.西安:陕西人民出版社.

丹皮尔 W C.1975.科学史及其与哲学和宗教的关系.李珩译.北京:商务印书馆.

杜布斯 G.1988.文艺复兴时期的人与自然.杭州:浙江人民出版社.

恩格斯.1984.自然辩证法.于光远,等编译.北京:人民出版社.

赫胥黎.1971.人类在自然界中的位置.北京:科学出版社.

赫胥黎.2007.天演论.严复译.北京:人民日报出版社.

克里斯蒂安·德迪夫.1999.生机勃勃的尘埃.王玉山,等译.上海:上海科技教育出版社.

老多.2010.贪玩的人类 1:那些把我们带进科学的人.北京:科学出版社.

罗素.1963.西方哲学史(上、下册).何兆武,李约瑟译.北京:商务印书馆.

洛伊斯·N.玛格纳.1985.生命科学史.李难等译.北京:华中工学院出版社.

玛丽·巴切勒.2013.圣经故事.约翰·海森绘.文洁若译.北京:华夏出版社.

摩尔根.2007.基因论.卢惠霖译.北京:北京大学出版社.

乔治·布封.2011.自然史.陈焕文译.南京:江苏人民出版社.

让·泰奥多利德.2000.生物学史.卞小平,张志红译.北京:商务印书馆.

斯蒂芬·F.梅森.1980.自然科学史.周煦良,等译.上海:上海译文出版社.

斯蒂芬·杰·古尔德.1997.自达尔文以来.田洺译.北京:生活·读书·新知三联书店.

孙荣圭.1984.地质科学史纲.北京:北京大学出版社.

席德强.2012.生物学简史.北京:北京大学出版社.

薛定谔.2007.生命是什么.罗来鸥,罗辽复译.长沙:湖南科学技术出版社.

亚·沃尔夫. 1985. 十六、十七世纪科学技术和哲学史. 周昌忠，等译. 北京：商务印书馆.

杨天林. 2009. 史前生命. 银川：宁夏人民出版社.

张行. 2004. 古生物与古环境. 兰州：敦煌文艺出版社.

中国大百科全书出版社《简明不列颠百科全书》编辑部. 1986. 简明不列颠百科全书. 北京：中国大百科全书出版社.

后　记

　　本套丛书的写作花费了近三年时间，但与此有关的积累和准备工作远超过十年。对文学的爱好和对科学的执着使我找到了一个好的契合点，那就是尽可能用文学的语言讲述科学发展的历程及著名科学家的故事。工作之余，我的几乎所有业余时间的写作都与科学和文化有关。

　　此时此刻正是北方的春天，窗外渐浓的绿色和灿烂阳光似乎传递着自然的某种气息和对生命的某种祈盼。我首先要感谢科学出版社科学人文分社的侯俊琳社长，没有他的发现和耐心细致的督促，就不会有系统的"科学的故事丛书"的出现。

　　2015 年春天，当俊琳社长与我讨论关于丛书的策划和内容时，我深深感到一位出版人的远见和博大胸怀。这是一件非常有意义、也很有吸引力的工作。我认为，我们的一切发展都必须以脚下的历史为根基。只有在传承科学积淀和历史文化的基础上，我们才能将人类的科学文化发扬光大，并进一步开创美好的未来。以往，在自然哲学和自然科学方面，我们忽视了对历史的关注，本套丛书的出版就是为了弥补这方面的不足。

　　书中配了适量有趣的漫画插图，线条流畅、幽默风趣，与文字配合默契，使所叙述的故事更加生动、直观和亲切，使读者平添一种身临其境的感觉。本套丛书面向的是那些具有中学以上文化程度的读者，他们对数学、物理学、化学、生物学、天文学、地理学和自然的基础知识有一定了解和理解，同时渴望知道科学的起源，渴望走近源头泪汩不息的溪流。

感谢所有为本套丛书的出版付出心血的人，感谢科学出版社相关领域的专家和审稿人为丛书的面世所做的大量工作，作者从中受益良多。特别感谢本书的责任编辑朱萍萍、张莉、田慧莹、程凤、张翠霞、刘巧巧等老师，他们本着精益求精的原则，对书稿的质量进行了严格把关，在审读、加工和校对的各个环节都表现出了高度的专业精神和责任感。感谢中国科学院自然科学史研究所张柏春所长和关晓武研究员的关心和支持，感谢潘云唐、郭园园、刘金岩、樊小龙、徐丁丁、崔衢、李亮、鲍宁等专家对丛书的仔细审阅和提出的建设性意见。

在此想说明的是，在篇幅有限的作品中，我特别注意文字的可读性、知识的教谕作用和思想的启蒙价值。可以说，书中的每一个单元都是一篇科学散文，我的初衷就是走进历史深处、挖掘科学文化。书中也表达了我在科学教育、科学研究及阅读、写作过程中产生的一些想法和观点，错误和不当之处在所难免，希望富有见解的读者和学者批评指正。

杨天林

2018 年 3 月